素菜大全

夏金龍 主編

編委名單

高樹亮、劉啟鎮、劉　偉、韓光緒、曲曉明、曹清春、郭建武、賈艷華、李　野、李國安、劉　剛、劉雲峰、張艷峰、于艷慶、姜喜豐、班兆金、李成國、孫學富、金鳳菊、劉占龍、李　娜、郭久隆、張明亮、蔣志進、張　傑、劉鳳義、劉志剛

鳴謝

承蒙黃健欽先生(愛斯克菲法國廚皇美食會大使暨中國飯店業協會廚藝大師)為本書出版提供指導，特此致謝。

素菜大全

主編
夏金龍

編輯
師慧青

封面設計
Zoe Wong

版面設計
萬里機構製作部

出版者
萬里機構・飲食天地出版社
香港鰂魚涌英皇道1065號東達中心1305室
電話：2564 7511　　傳真：2565 5539
網址：http://www.wanlibk.com

發行者
香港聯合書刊物流有限公司
香港新界大埔汀麗路36號中華商務印刷大廈3字樓
電話：2150 2100　　傳真：2407 3062
電郵：info@suplogistics.com.hk

承印者
中華商務彩色印刷有限公司

出版日期
二〇一四年二月第一次印刷
二〇一八年四月第四次印刷

版權所有・不准翻印

ISBN 978-962-14-5350-1

萬里機構

萬里 Facebook

myCOOKey.com

本中文繁體字版由吉林科學技術出版社授權出版

前言

素食作為一種環保、健康、時尚的生活方式，在國際上漸漸流行，如今的素食，與環境保護、動物保護一樣，代表着一種不受污染的文化品味和健康時尚。

素食養生在中國可謂源遠流長，自古就有藥食同源之説。也就是説食物與藥物並沒有明確的界線，每一種食物都具備一定的藥性，這就是飲食調養之精髓。《千金翼方》載「安身之本，必須於食，救疾之道，惟在於藥。不知食宜者，不足以全生，不知藥性者，不能以除病」。故食能排邪而安臟腑，藥能恬神養性以資四氣。若將食物的寒、熱、溫、平、涼五性與酸、苦、甘、辛、鹹五味，隨人體和季節的不同而作搭配，即可養血氣、排疾患。詩人屈原在《楚辭·天問》中寫道「彭鏗斟雉，帝自饗，受壽永多，夫何長」。《黃帝內經》中有「五穀為養，五果為助，五畜為益，五菜為充」的論述，現代營養學也證實了其科學性。

《素菜大全》選取最為常見的食材，按照開胃涼菜、美味熱炒和滋養湯水加以分類，為讀者介紹了近 300 款家常美味素菜。本書在素菜品種的選取上遵循原料取材容易、操作簡便易行、營養搭配合理的原則，每道素菜不僅有具體原料，做法步驟，而且配以精美的成品圖片，使您能夠抓住重點，快速掌握，烹調出色香味形俱佳且營養健康的家常素菜。

目錄

Part 2 美味炒菜

Part 3 滋養湯水

蔬菜常識

蔬菜的分類及品種

蔬菜是可供佐餐的草本植物的總稱。此外，還有少數木本植物的嫩芽、嫩莖和嫩葉（如竹筍、杞子的嫩莖葉等）、部分低等植物（如真菌、藻類等）也可作為蔬菜食用。蔬菜的種類繁多，據統計，中國的食用蔬菜（包括野生和半野生的）達 200 種以上，而且在同一種類中有許多變種，每一個變種又有許多栽培品種。中國有良好的蔬菜栽培自然條件和生產技術，是盛產蔬菜的國家之一，不僅品種多、產量大，而且品質優良。按照蔬菜的主要生物學特性、食用器官的不同，蔬菜可分為十幾個大類。

葉菜類

葉菜類是以肥嫩的葉片及葉柄作為食用或烹調部位，主要包括：普通葉菜，如小白菜、菠菜、莧菜、芥蘭、油菜、通菜等；結球葉菜，如結球甘藍、小椰菜、大白菜、結球萵苣等；香辛葉菜，如葱、韭菜、芫荽等；鱗莖狀葉菜，如洋葱、大蒜、百合等。葉類蔬菜以綠色居多，只是深淺不同，有的綠中泛紅，有的綠中泛白。

葉菜是品種最多的一類蔬菜，是人體中維他命 B_1、維他命 B_2、維他命 C、胡蘿蔔素以及鈣、鐵、鉀等元素的重要來源。葉菜類的綠色越深，其胡蘿蔔素的含量越多。此外，葉菜中葉酸的含量也較多。

食用菌類

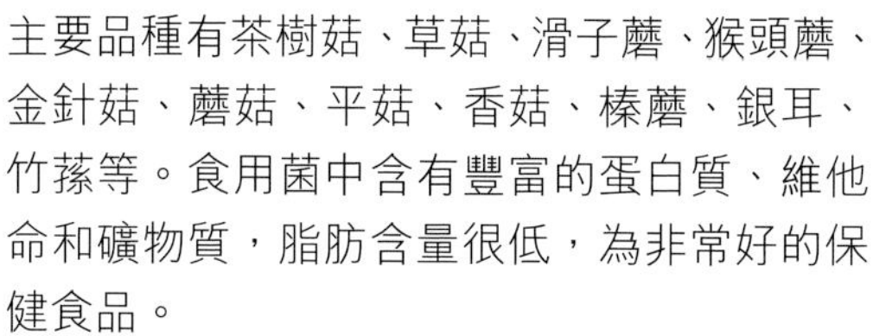

食用菌為孢子植物，通常以食用菌全株或嫩傘蓋葉供食用。主要品種有茶樹菇、草菇、滑子蘑、猴頭蘑、金針菇、蘑菇、平菇、香菇、榛蘑、銀耳、竹蓀等。食用菌中含有豐富的蛋白質、維他命和礦物質，脂肪含量很低，為非常好的保健食品。

果蔬類

果蔬類是以肥碩的果實或幼嫩的種子作為主要食用部分。嚴格來説，果蔬類可分為：瓠果類，如南瓜、黃瓜、冬瓜、瓠瓜、絲瓜、苦瓜等；漿果類，如茄子、辣椒、番茄等；莢果類，如扁豆、刀豆、豆角、豌豆等。瓠果類蔬菜含有比較多的蛋白質、脂肪和豐富的糖類，還含有多種維他命和礦物質；漿果類蔬菜主要含有豐富的維他命 C 和類胡蘿蔔素，還含有有機酸等；莢果類蔬菜則含有豐富的蛋白質和糖類等。

根莖類

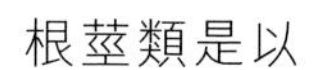

根莖類是以植物肥嫩的莖桿或肥大的變態莖作為主要食用部位，它的品種比較多，在蔬菜中佔有相當重要的位置。其中，根菜類主要包括蘿蔔、胡蘿蔔、根用甜菜、牛蒡、山芋、豆薯等；莖菜類又有地上莖和地下莖之分，品種包括馬鈴薯、山藥、慈姑、藕、荸薺、薑、萵苣、茭白、蘆筍、竹筍等。根莖菜顏色不一，形態有別，大多含豐富的糖類和蛋白質等，與葉菜類相比，根莖菜含水量少，原料表皮較厚，容易貯存。

有機蔬菜、綠色蔬菜、無公害蔬菜

有機蔬菜是指在蔬菜生產加工過程中絕對禁止使用農藥、化肥、激素等人工合成物質，並且不允許使用基因工程技術。

綠色蔬菜一般允許限量使用化學合成生產資料，只是嚴格要求在生產過程中不使用化學合成的有害於環境和健康的物質。

而無公害蔬菜是指在一定的生態環境下，按照一定的生產技術規程生產的，經法定專業質檢部門檢測，不含有毒、有害物質，符合國家標準的蔬菜。

無公害蔬菜並不是沒有使用農藥的蔬菜，只是農藥殘留符合國家標準，不會對人體造成危害而已。

蔬菜的營養價值

蔬菜所含營養

水	蔬菜中含量最多的是水，一般含有 65% ~96% 的水分，蔬菜越鮮嫩多汁，其質量越高。蔬菜如失去水分，則降低了新鮮品質。
揮發油	許多蔬菜有特殊香氣，這是因為它們含有揮發油的緣故，如大蒜、洋葱。揮發油是形成蔬菜特殊滋味的物質，能刺激食慾，幫助消化。葱、薑的揮發油具有殺菌、解腥的作用，是良好的調味品。
維他命	蔬菜中含有少量 B 族維他命，如維他命 B_1、維他命 B_2、維他命 B_5 等。維他命 C 的含量特別豐富，是人體所需維他命 C 的主要來源。大多數葉菜類，如番茄和辣椒含有較多的維他命 C。但維他命 C 的性質極不穩定，易被高溫所破壞。
有機酸	呈綠、黃、橙等色澤的蔬菜富含胡蘿蔔素，胡蘿蔔素在人體內可轉化為維他命 A。蔬菜中除番茄含有機酸較多外，其餘的只含有少量的有機酸。在菠菜、茭白、竹筍中含有較多的草酸，能影響人體對鈣的吸收。因此在烹調前應進行焯水處理，以除去過多的草酸。
礦物質	蔬菜中的礦物質含量為 0.3% ~2.8%，主要為鈣、磷、鐵、鉀、鈉、鎂等元素，這些礦物質除具有調節人體生理功能的作用外，還是組成人體各種組織的重要成分。
糖類	蔬菜的含糖量普遍不高，其中胡蘿蔔、南瓜、甜瓜、洋葱等含糖類較多；青菜、黃瓜、白菜僅含少量的糖。 澱粉在馬鈴薯、芋頭、山藥和豆類蔬菜中含量較多，其他蔬菜中含量較少。 纖維素含量，是衡量蔬菜質量的標志之一。纖維素含量少的蔬菜脆嫩多汁，品質好；纖維素含量多的則肉質粗，皮厚多筋，食用價值低。

蔬菜等級

蔬菜按營養價值分為 4 個等級

類別	營養價值	主要品種
甲類	主要富含胡蘿蔔素、維他命 B_2、維他命 C 以及鈣等礦物質，這類蔬菜營養價值較高	主要有小白菜、菠菜、莧菜、韭菜、雪裡蕻等
乙類	其營養價值低於甲類蔬菜。可分為 3 種：	
	第一種含維他命 B_2	包括所有新鮮豆類和豆芽
	第二種含胡蘿蔔素和維他命 C 較多	包括胡蘿蔔、芹菜、大葱、番茄、辣椒等
	第三類主要含維他命 C	包括大白菜、椰菜、椰菜花等
丙類	其含維他命較少，但熱量超過甲類和乙類蔬菜	主要包括紅薯、山藥、南瓜等
丁類	含有少量或微量的維他命 C，營養價值較低	品種有冬瓜、竹筍、茄子、茭白等

蔬菜的顏色與營養

家庭中可根據蔬菜的顏色來判斷蔬菜的營養價值。蔬菜的顏色有多種，其中比較常見的為綠色蔬菜，由於其中含有較多的葉綠素，故其總體顏色為綠色，如菠菜、芹菜、芫荽、青椒等。黃色及紅色蔬菜中所含的色素以類胡蘿蔔素或黃酮類色素為主，故總體顏色呈黃色，如胡蘿蔔、黃花菜、馬鈴薯等。此外，還有一些其他顏色的蔬菜，但種類較少，以淺色或白色為主。

蔬菜的顏色與其營養價值關係密切。顏色深的蔬菜營養價值高，顏色淺的營養價值低，其排列順序一般是「綠色蔬菜——黃色（紅色）蔬菜——無色蔬菜」。

此外，在同類蔬菜中，因其顏色不同，營養價值也各不相同。如黃色胡蘿蔔比紅色胡蘿蔔營養價值高，除含有大量胡蘿蔔素外，還含有黃鹼素，有預防癌症的作用。

蔬菜組合營養更好

蔬菜中含有豐富的維他命、礦物質、纖維素和果酸等營養物質，是人體營養的重要來源。有人炒菜習慣單一地炒，其實將幾種蔬菜合在一起烹製，營養會更好。

營養互補：維他命 C 在深綠色蔬菜中最為豐富，而黃豆則富含維他命 B_2，若用黃豆芽炒菠菜，則兩種維他命均可獲得；柿子椒中富含維他命 C，胡蘿蔔中富含胡蘿蔔素，馬鈴薯中富含熱量，若將三者合炒，則可營養互補。

增進食物的色、香、味：紅色、綠色菜餚可促進食慾，若在炒萵筍時放入一些胡蘿蔔片或鮮紅辣椒，色澤會很鮮艷；若放入一些芫荽，則可使菜變香。番茄可使菜變成紅色並有酸味，可促進食慾，所以，炒綠色蔬菜時可適量加些番茄。

蔬菜的保健作用

美容有特效

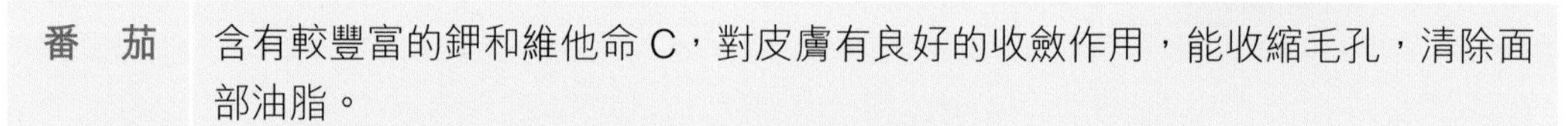

番　茄	含有較豐富的鉀和維他命 C，對皮膚有良好的收斂作用，能收縮毛孔，清除面部油脂。
生　菜	含有豐富的維他命及礦物質，對皮膚細胞有良好的修復作用。
洋　蔥	具有良好的消毒作用，還可以減少皮膚的皺紋。方法是：取洋蔥半個，用 1 碗水浸泡數小時後，用此水洗臉部皺紋處，效果良好。
黃　瓜	對皮膚有滑潤、清潔的作用，可以減少皺紋，消除褐斑、雀斑，是炎熱夏季中最好的天然美容護膚品。
馬鈴薯	對皮膚有良好的舒展功能，如睡後眼皮浮腫，可取馬鈴薯薄片兩片，貼於眼皮上，10~20 分鐘後，即可消減浮腫。

可降低血壓

蔬菜中含有微量元素鉀，而研究發現，鉀可以降低血壓。研究人員認為，健康人群少攝入食鹽，多吃富含鉀的蔬菜，如馬鈴薯、番茄、南瓜、豆類、海藻等，可保持血壓正常。此外，蔬菜中含有的大量纖維素，可降低心肌梗塞的發生率。

可減肥

減肥的方法很多，但最實惠的方法莫過於蔬菜減肥，多吃蔬菜，尤其是含糖分極少的綠色蔬菜，可減少人體熱量攝入，同時人體新陳代謝的速度不會下降，且蔬菜中含有的食物纖維有利於腸道蠕動，對減肥非常有效。蔬菜中減肥效果較好的品種有黃瓜、蘿蔔、冬瓜、韭菜等。

有助於延緩衰老

人隨着年齡的增長，脂褐質色素（老年斑）在體內越積越多，並使人逐漸衰老。研究發現，蔬菜中的硫質和必需維他命，能有效地減少色素的產生和聚積，使機體保持潔淨，延緩皮膚老化。其中，效果較好的品種有洋葱、菠菜、芹菜等。

有助於預防心血管病

蔬菜中含有多種維他命，其中維他命 C 和維他命 E 對預防心臟病有很好的效果；除了維他命外，蔬菜中還有一種重要物質——茄紅素，茄紅素是一種強有力的抗氧化物質，能起到保護血管功能的作用。茄紅素廣泛存在於各種蔬菜中，尤以番茄、胡蘿蔔中含量較多。另外，蔬菜中的葉綠素，可以強化心臟功能，對防治心臟病有益處。

有助於健腦益智

蔬菜中含有豐富的維他命 A、維他命 C 和 B 族維他命，還含有較多的鐵、鋅、碘、硒等微量元素，對促進大腦發育和提高智力都有很大的作用。調查研究發現，蔬菜可以改善大腦的供血狀況，尤其是腦力勞動者應多食蔬菜，以保證大腦的正常供血。

有助於預防癌症

蔬菜抑制癌症的作用主要表現在以下幾方面：蔬菜中的維他命 C 和維他命 E 可阻止致癌物亞硝胺在人體內的合成；蔬菜中廣泛存在的葉綠素，可不被腸腔中的酸鹼破壞，有抑制癌症的作用；蔬菜中含有的微量元素硒，可對致癌物質產生化學抑制作用，並可增加肝臟的排毒功能等。

蔬菜的選購與貯存

蔬菜的選購要點

在市場上選購蔬菜時應挑選新鮮的，不應貪圖便宜而購買萎蔫、泛黃的蔬菜。蔬菜的種類繁多，在選購時應注意以下 7 個基本要點：

① 新鮮程度；
② 壯老或嫩脆程度；
③ 是否大小均勻、形狀完整；
④ 是否有病變；
⑤ 是否有蟲害；
⑥ 色澤是否正常；
⑦ 是否有農藥殘留。

番茄	果蒂硬挺，且四週仍呈綠色的番茄才是新鮮的。有些商店將番茄裝在不透明的容器中出售，在未能查看果蒂或色澤的情況下，最好不要選購。
黃瓜	剛採收的小黃瓜表面上有疣狀突起，摸有刺，是十分新鮮的。
椰菜（結球甘藍）	葉子的綠色帶光澤，且頗具重量感的椰菜才新鮮。切開的椰菜，切口白嫩表示新鮮度良好。切開時間久的，切口會呈茶色，要特別注意。
茄子	深黑紫色，具有光澤，且蒂頭帶有硬刺的最新鮮，反之帶褐色或有傷口的不宜選購。如茄子的蒂頭蓋住了果實，表示尚未成熟。茄子切口處易變色，只要泡在水中即可保持鮮嫩。

蔬菜的貯存要求

如果經常將蔬菜存放數日再食用是非常危險的。蔬菜中含有硝酸鹽，硝酸鹽本身無毒，然而在蔬菜儲藏一段時間之後，由於酶和細菌的作用，硝酸鹽被還原成亞硝酸鹽，是一種有毒物質。亞硝酸鹽在人體內與蛋白質類物質結合，可生成強致癌性的亞硝胺類物質。

對於各種蔬菜的貯存，應按其生長特性採取相應的貯存方法，但是原則上應該買新鮮的，吃新鮮的，而不應當買一次吃一週。

新鮮蔬菜放入冰箱內儲存不應超過3天。凡是已經發黃、開始腐爛的蔬菜均不可食用。

由於蔬菜種類繁多，其生長特性不盡相同，因而其貯存要求也各不相同。

- 青菜、黃瓜可洗淨後放入保鮮袋內在冰箱中冷藏。
- 大白菜放在墊有稻草的乾燥處。
- 椰菜花放在通風處，還可在菜上灑些水。
- 萵筍可削去皮，浸在淡鹽水中。
- 蘿蔔和胡蘿蔔可放入保鮮袋內，紮緊袋口置於乾燥處。
- 鮮蘑菇短期保存法可用清水浸泡等。

葉菜保鮮

溫度： 葉類蔬菜適宜的保存溫度一般在0℃，所以，冰箱冷藏室是比較適合存放。如果氣溫超過20℃，葉類蔬菜存放一天左右就會變乾。

水分： 葉類蔬菜水分較多，保鮮主要是保持水分。其基本方法是：用浸濕的紙或者濕布將蔬菜包起來，放入冰箱冷藏室中，注意別讓浸濕的紙或濕布乾燥。

避光： 避光是葉類蔬菜保存的要點之一。因為葉類蔬菜中的葉綠素見光會分解，加快蔬菜衰老黃化的速度，損失營養和口感。

切開的冬瓜、南瓜貯存

冬瓜或南瓜切開後，常常難以一次吃完，而剩下的放置1~2天後，切面處常常腐爛，再吃時不得不將腐爛的部分削去，這樣既浪費又不衛生。正確的貯存方法是：當冬瓜或南瓜切開後不久，切面上就會滲出黏液，如用一塊比切面大一點的保鮮膜貼上，用手抹緊貼面，便可保持3~5天不爛。

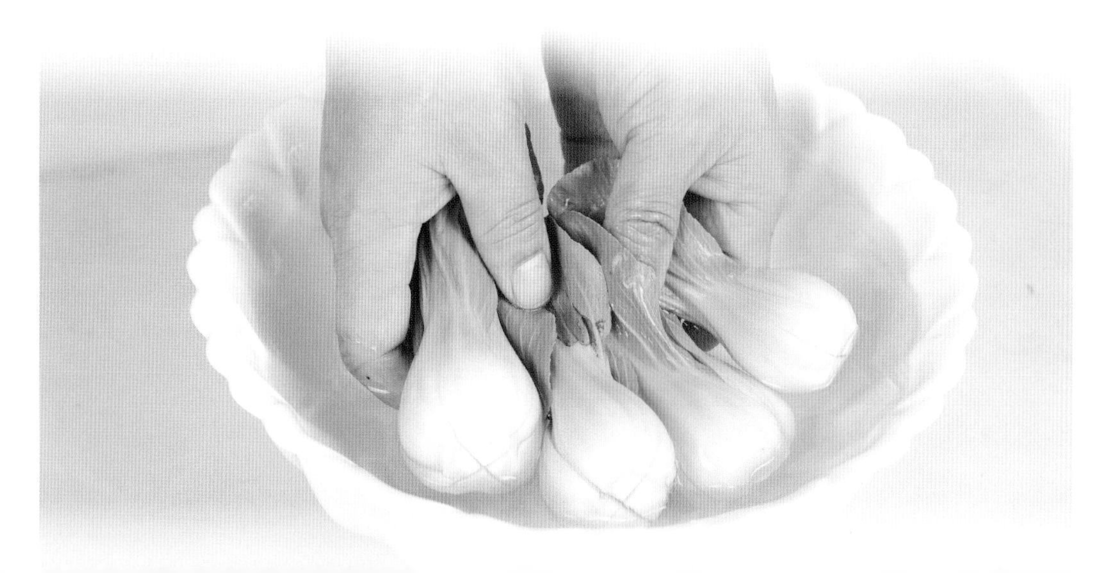

食用菌的選購

食用菌種類繁多，主要分為「菇」、「菌」、「蕈」、「蘑」、「耳」等，常見的有香菇、草菇、黑木耳、銀耳、猴頭蘑、榛蘑等。香菇又名香蕈、冬菇，又有花菇（菌蓋有天然裂紋的香菇）、厚菇、薄菇之分，其中以花菇質量較優。香菇質嫩肉厚，營養豐富，乾香菇蛋白質含量可高達 15% 以上，因此又有「素中之肉」的美稱。黑木耳是一種膠質真菌，具有清肺益氣，補血活血的作用。新鮮黑木耳因膠質含量高而不易貯藏，一般製成乾製品進行銷售。銀耳又名白木耳，含有 17 種氨基酸和各種維他命。

選購食用菌產品最好到規模較大的商場或超市購買具有一定知名度企業生產的產品，查看包裝上廠名、廠址、淨含量、生產日期、保質期、產品標準號、質量等級等內容是否齊備；通過「眼看、鼻聞、手握」三步對產品進行簡單的感官檢驗。

眼看

主要是看形態和色澤以及有無霉爛、蟲蛀現象。黑木耳宜選擇耳面黑褐色、有光亮感，用水浸泡後耳大肉厚、有彈性的產品。有些黑木耳中夾雜有相互黏裹的拳頭狀木耳，主要是在陰雨多濕季節因晾曬不及時造成的，此類木耳質量相對較差。香菇一般以體圓齊整，雜質含量少，菌傘肥厚，蓋面平滑為好。而銀耳則宜選購耳花大而鬆散，耳肉肥厚，色澤呈白色或略帶微黃的產品，好的銀耳蒂頭無黑斑或雜質，朵形較圓整，大而美觀。

手握

選購乾製食用菌時應選水分較少的產品，若含水量過高則不僅壓秤，而且不易保存。黑木耳如握之聲脆、紮手，具有彈性，耳片不碎則説明含水量適當；若握之無聲，手感柔軟則可能含水量過多。香菇若手捏菌柄有堅硬感，放開後菌傘隨即膨鬆如故，則質量較好。

鼻聞

質量好的食用菌應香氣純正自然無異味，不要購買有刺鼻氣味的產品。鮮食用菌若聞着有酸味則可能變質，不宜選購。

食用菌的使用和存放

乾製食用菌使用前不宜用溫水浸泡，否則會破壞口感。

放在通風、透氣、乾燥、涼爽的地方，避免陽光長時間的照曬。乾製食用菌一般都容易吸潮霉變，因此，食用菌產品應乾燥儲藏，如貯存容器內放入適量的塊狀石灰或乾木炭等作為乾燥劑，以防受潮。

食用菌營養豐富，易氧化變質，可用鐵罐、陶瓷缸等可密封的容器貯存，容器應內襯食品袋。平時要儘量少開容器口，封口時注意排出襯袋內的空氣。

蔬菜的烹調竅門

洗蔬菜的竅門

用淡醋水洗菜

電冰箱並不是保鮮箱，若從冰箱中取出的蔬菜因貯存時間較長而變軟了，可在洗菜的清水盆中滴入 3~5 滴食醋，浸泡 5 分鐘後再將菜洗淨，洗好的蔬菜將鮮亮如初。

用淡鹽水洗菜

在種植蔬菜的過程中常常使用化學農藥和肥料。為了消除蔬菜表皮殘留的農藥，使用 1% ~3% 的淡鹽水洗滌蔬菜可以取得良好的效果。

另外，秋季收割的蔬菜，往往在菜根部位或菜葉背面的褶紋裏躲藏着一種小瓢蟲。

用淡鹽水來清洗蔬菜，可以輕而易舉地將其除去。

清除蔬菜上殘餘農藥

家庭中清除蔬菜瓜果上殘留農藥的簡易方法除了去皮外，還有以下幾種：

儲存法

農藥在正常的生態環境中可隨時間的推移而緩慢地分解為對人體無害的物質。所以，對易於保存的蔬菜，如紅薯、馬鈴薯、冬瓜等，可通過一定時間的存放，減少農藥殘留量。

鹼水浸泡法

有機磷類殺蟲劑在鹼性環境下分解迅速，所以，此方法是去除農藥殘留的有效措施，可用於各類蔬菜瓜果。方法是，先將蔬菜表面污物沖洗乾淨，放入鹼水（一般 500 毫升水中加入梘水 5 克）中浸泡 5~15 分鐘，然後用清水沖洗 3~5 遍即可。

浸泡水洗法

污染蔬菜的農藥品種主要為有機磷類殺蟲劑。有機磷類殺蟲劑難溶於水，但水洗是清除蔬菜瓜果上其他污物和去除殘留農藥的基本方法。其方法是，先用清水沖洗掉蔬菜表面污物，再放入清水中浸泡，浸泡時間不少於 10 分鐘。

加熱法

隨着溫度的升高，氨基甲酸酯類殺蟲劑分解加快。所以，對採用其他方法難以處理的蔬菜瓜果，可通過加熱以去除部分農藥。其方法是，先用清水將表面污物洗淨，再放入沸水鍋中焯燙 2 分鐘後撈出，然後用清水沖洗乾淨即可。

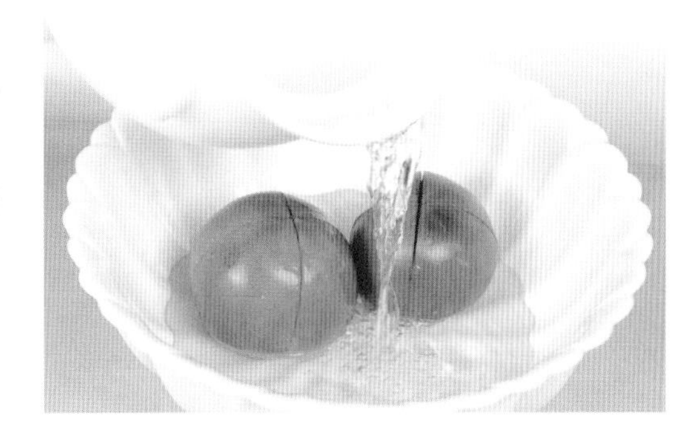

切蔬菜的竅門

切蔬菜合理選擇順序

菠菜、白菜等蔬菜要先洗後切，不要切碎後再洗，否則，營養素會流失太多。在切菜時，合理選擇順序可消除遺留在菜板上的氣味。如切洋葱、青椒和芹菜時，先切洋葱，再切青椒，最後切芹菜，即可消除菜板上的洋葱味。

切辣椒、洋葱防辣竅門

我們在切辣椒、洋葱時，總會因其揮發出的一股辣味而淚如泉湧。這是因為其中的揮發性物質遇水可生成一種低濃度的酸，這種酸會刺激眼球，從而使人流淚難忍。鑒於這種原因，可採用一些有針對性的辦法加以預防：

① 把辣椒、洋葱放在水裏切，揮發性物質直接溶於水中，這樣就減少了對眼睛的刺激。

② 把洋葱先放入冰箱中冷凍一會兒，然後再拿出來切，也會獲得較好的效果。

③ 切辣椒、洋葱時，可先將菜刀在冷水中蘸下，再切辣椒、洋葱時就不會辣眼睛了。

蔬菜焯水竅門

蔬菜經過焯水後還含有極大的熱量，如果不能迅速用冷水降溫，時間一長，蔬菜中的葉綠素會變成黑褐色並失去光澤；維他命也會受到更大破壞，直接影響到菜餚的質量。焯水後的蔬菜迅速過涼，能保持原料質地脆嫩，色澤鮮艷，並且還能保住原料的鮮味，起到定色和保鮮的作用。

蔬菜過涼後還要攥乾，因為蔬菜本身含水分較多，不利於烹調。攥乾後能除去部分水分，符合烹調要求，烹製時易於着色入味，提高菜餚的質量。

菠菜去澀味的竅門

菠菜營養豐富，但有澀味，去除的方法是：將洗好的菠菜放入開水中焯燙一下，即可去掉澀味。

經開水焯燙後，菠菜中的草酸也同時被除掉。在食用菠菜時，不除掉草酸，會影響人體對鈣質的吸收。

減少維他命流失的技巧

加醋法

炒青菜時加點醋，將有助於減少青菜中維他命的流失。

急火法

炒青菜要用急火，不然維他命就會損失很多。大白菜用急火炒 8 分鐘，維他命將損失 6.2%；用中火炒 12 分鐘，維他命將損失 31%；如煮 20 分鐘，維他命只能保留 30%；如炒後再燉，將損失 76%。另外，青菜加熱至 60℃時，維他命開始被破壞，加熱至 70℃時，破壞最為嚴重，至 80℃以上時破壞率反而下降。所以，急火炒能使青菜很快達到 80℃以上，這樣能更好地保存青菜中的維他命。

保持菜本色的技巧

廚師們有句行話：「色衰則味敗」。這説明菜的色澤，特別是葉綠素在烹炒中被破壞，不僅影響菜的美感，還會失去菜的鮮味。那麼，烹調時怎樣保持菜的本色呢？

鹽水浸漬

對鮮嫩的蔬菜可用淡鹽水浸漬幾分鐘，然後控去水分炒製，除保持色澤外，還可使菜質清新脆嫩。

適時蓋鍋

葉綠素中含有鎂元素，它會被蔬菜中另一種物質—有機酸替代出來，生成一種黃色物質。如果放入菜就將鍋蓋嚴，此種物質在鍋內會使菜色變黃。正確做法是，先敞鍋炒，使這種物質受熱揮發後，再蓋好鍋蓋。

熱水浸燙

不需要焯水的蔬菜，可用 60℃ ~70℃ 的熱水浸燙一下，這樣可使葉綠素水解酶失去活性，從而使蔬菜保持鮮綠色。

加鹼

如節日盛宴，為增加菜的美感，可在炒菜時加一些鹼或小蘇打。葉綠素在鹼水中不易被有機酸破壞，可使蔬菜更加碧綠鮮艷，並能增加蛋白質溶解度，使原料組織膨脹，易於煮熟。但鹼能破壞維他命，一般不宜添加。

蔬菜怎麼炒好吃

炒蔬菜前的準備工作

葉類蔬菜質地較細，應先擇下嫩葉，避免用刀切，這樣才不會使老葉與嫩葉混在一起，擇下的嫩葉可放入淡鹽水中浸泡。球狀葉菜類，需要先去掉菜梗，一片片剝開並撕成小片，才容易清洗。

瓜果類蔬菜不易煮熟，炒前可先用滾水焯燙，以縮短熱炒時間，保留蔬菜原有養分。

炒製時不宜用油過多

家庭烹製蔬菜時，用油應以適量為宜。如果炒菜時用油太多，蔬菜外部會包上一層油膜，調味後滋味不易滲入，食用後消化液不能完全與食物接觸，不利於消化吸收。

炒蔬菜如何防止湯汁過多

烹製蔬菜類菜餚時，如不注意操作方法，鍋內會出現過多的湯汁，影響菜餚的滋味。究其原因，主要是原料本身水分多，洗滌時沒有瀝乾水分，或原料在水中浸泡時間過長，原料吸水多；也與烹製時掌握火候不當有關，溫度偏低，則原料中的水分蒸發少；加熱時間過長，原料中水分便大量流出。

調味時，加鹽過早或添湯過多，也會使菜餚湯水過多。

防止湯汁過多的方法，應根據原料的性質和烹飪要求而定。有的菜加熱前先用鹽醃以去掉部分水分再烹炒；或用水焯、擠壓、瀝乾的方法，以減少原料中的水分。另外，縮短加熱時間和不過早放鹽，也能減少原料中的水分流出。

蔬菜食用宜忌

能生吃的蔬菜盡量不熟食

從營養和保健的角度出發，蔬菜以生食為好，可以最大限度地保留蔬菜中的維他命和微量元素。

許多蔬菜中都含有一種干擾素誘發劑，它可刺激細胞產生干擾素，進而產生一種抗病毒蛋白，而這種功能只有在生食的前提下才能實現。抗病毒蛋白能抑制癌細胞的生長，又能有效調節機體免疫力，從而起到防癌、抗癌的作用。

就蔬菜而言，無論是炒、燒、熘，還是燉、炸、蒸，都會使其中的維他命、礦物質、纖維素等營養成分遭到不同程度的破壞，很多蔬菜甚至失去了它真正的營養價值。為了保持蔬菜的各種營養素不受破壞，像苦瓜、黃瓜、番茄等蔬菜，生吃會更好。其吃法，一是洗淨生吃，二是洗淨後稍加一些調料拌着吃。總之，能生吃的蔬菜就儘量不要熟吃。

而且，生食蔬菜有助於口腔及牙齒的保健。充分咀嚼能刺激唾液的分泌，幫助食物消化，同時，還能增強口腔的自潔功能。

蔬菜宜熟食

熟食蔬菜的好處是有利於胡蘿蔔素的吸收。深綠色和黃色蔬菜富含胡蘿蔔素，以熟食為好，會顯著地提高胡蘿蔔素的吸收利用率。

蔬菜經加熱維他命 C 雖易被破壞，但蔬菜中還有比較穩定的其他營養素，如鈣、鐵和膳食纖維，這些營養素不會因加熱而損失，仍然能對人體健康發揮作用。

此外，蔬菜在種植過程中，由於水土、環境的污染，會不同程度地受到農藥、化肥的侵害，有毒物的污染在所難免。而蔬菜經過加熱烹調後食用，在衛生方面的優勢不言而喻，這對身體健康有利。

鮮黃花菜不宜食用

黃花菜富含蛋白質、脂肪、胡蘿蔔素和維他命 P 等，被人們譽為保健營養食品。

但是，食用鮮黃花菜不當會引起中毒。

鮮黃花菜中含有一種「秋水仙鹼」的有毒物質，它經過胃腸道的吸收，在人體內氧化為劇毒的「二秋水仙鹼」。

由於鮮黃花菜的有毒成分在 60℃時可減弱或消失，因此，食用時應先將鮮黃花菜用開水焯燙，再用清水浸泡 2 小時以上，撈出用清水洗淨後進行炒食。

使用乾品時，用清水或溫水進行多次浸泡後再食用，這樣可以去掉殘留的有害物質，如二氧化硫等。

豆類蔬菜要煮熟透

對於一些豆類蔬菜，如四季豆、扁豆等，必須煮熟透後食用。

沒有煮熟的豆類中含有皂甙和紅血球凝集素等有毒物質，人體在食用後會出現噁心、嘔吐、腹瀉、腹痛、頭暈、頭痛等症狀。所以，在烹製豆類蔬菜時必須徹底加熱、煮至熟透，破壞這兩種有毒物質後才能食用。

蔬菜帶皮食用營養佳

蔬菜是人們攝取維他命、礦物質等各種營養成分的重要來源。對於有些蔬菜，如絲瓜、冬瓜、茄子等，最好帶皮製作成菜，營養更佳。蔬菜的表皮色澤鮮艷美觀，皮層內含有多種維他命、葉綠素和粗纖維，特別是維他命 C 含量較高；所以，這些蔬菜帶皮食用風味別致，營養豐富。如果削皮烹製食用，會損失很多營養成分，並且浪費原料，還會失去原料本身的特有色澤和風味。

受凍蔬菜口味不佳

一般來說，用受凍的蔬菜是烹製不出好的菜餚的。這樣的菜餚不但色澤灰暗，而且口味不佳。不同蔬菜所呈現出的不同風味，主要取決於組織細胞中的內含物質。內含物質種類的差異和含量的多寡，使得各種蔬菜顯現出不同風味和滋味。另外，蔬菜組織細胞中所含有機酸、糖類、揮發油和油脂等物質也不盡相同，而這些物質在加熱烹調時，形成了菜餚的獨特滋味和風味。

蔬菜受凍後，組織細胞破裂，內容物與水分大量外溢流失，蔬菜失去了原有的品質和風味。所以，受凍的蔬菜烹製菜餚不如鮮菜好吃。

Part 1 開胃涼菜

葱油拌雙耳

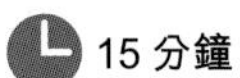 15 分鐘 

油菜 100 克，大葱 75 克，銀耳 15 克，黑木耳 10 克，鹽少許，白糖、花椒油各 1 茶匙，植物油 3 湯匙。

① 大葱取淨葱白洗淨，瀝去水分，切成小段。

② 鍋中加入植物油燒熱，下入葱白段炸至呈深黃色出香味，連油一起倒入碗內，加入少許鹽拌勻，冷卻後成葱油。

③ 銀耳、黑木耳分別用溫水浸泡至軟，去蒂，洗淨，撕成小朵，放入沸水鍋中焯燙一下，撈出瀝去水分。

① 油菜洗淨，瀝水，在根部剞上十字花刀。

② 放入加有少許鹽、植物油的沸水鍋中焯燙一下，撈出入碟。

③ 銀耳、黑木耳加入白糖、鹽拌勻，碼放在油菜上。

④ 澆入燒熱的花椒油，再淋入葱油調拌均勻，上桌即成。

菠菜拌豆腐皮

菠菜 300 克，腐竹 200 克，薑末 6 克，鹽 1 茶匙，胡椒粉 1/2 茶匙，植物油 2 湯匙。

① 菠菜擇洗乾淨，切成 4 厘米長的段；腐竹用溫水泡軟，切成小條。

② 鍋中加入適量清水燒沸，放入菠菜焯燙一下，撈出過涼，瀝乾水分，裝入碟中。

③ 鍋中加入植物油燒熱，放入薑末炒香，加入腐竹略炒，調入鹽炒勻，出鍋裝入菠菜碟中，再加入胡椒粉拌勻，即可上桌食用。

多味黃瓜

黃瓜 500 克，乾椒絲、薑絲、鹽、醬油、白糖、米醋、植物油、麻油各適量。

① 黃瓜洗淨，瀝水，切成滾刀塊，放入碗中，加入鹽醃漬片刻。

② 鍋中加入植物油燒熱，放入乾椒絲、薑絲炒香，再加入醬油、白糖、米醋略熬成汁，然後加入麻油攪勻，倒入碗中。

③ 將醃好的黃瓜塊放入調味碗中拌勻，醃製 20 分鐘，即可裝碟上桌。

豆腐乾拌貢菜

15 分鐘

豆乾 200 克，貢菜 100 克，紅椒絲 50 克，乾辣椒末 30 克，葱絲、薑絲各 10 克，鹽、胡椒粉各 1/2 茶匙，麻油 1 茶匙。

① 貢菜放入清水盆中泡發，洗淨，瀝乾水分，切成段。

② 鍋中加入適量清水燒沸，放入貢菜焯燙一下，撈出過涼，瀝水。

③ 豆腐乾切成細絲，下入沸水鍋中焯燙一下，撈出瀝水。

④ 鍋中加入麻油燒熱，先下入薑絲炒香，再放入乾辣椒末炸香，倒入碗中。

⑤ 貢菜段、豆腐乾絲、紅椒絲放入大碗中，加入葱絲、鹽、胡椒粉、辣椒油調拌均勻入味，裝碟上桌即可。

什錦白菜絲

10 分鐘

白菜心 150 克，胡蘿蔔、水發木耳、百頁（乾豆腐）、黃瓜各 50 克，蒜末 20 克，鹽、白糖、麻油各適量。

① 菜心、胡蘿蔔洗淨，均切細絲；黃瓜、木耳洗淨，與百頁均切成絲。

② 鍋中加水燒開，下入胡蘿蔔絲、木耳絲，加入少許鹽燒沸，焯約半分鐘，撈出浸涼，瀝水。

③ 白菜絲、木耳絲、胡蘿蔔絲、黃瓜絲、百頁絲均放入容器內，加入白糖、鹽、麻油、蒜末拌勻即成。

葱油拌苦瓜

25 分鐘

苦瓜 500 克，大葱 30 克，花椒、薑片、鹽、麻油各適量。

① 大葱去根和老葉，洗淨，擦淨表面水分，切絲，放入小碗中，加入鹽調拌均勻。
② 鍋中加入麻油燒至九成熱，澆在葱絲上稍悶成葱油。
③ 苦瓜切去兩端，洗淨，順長切成兩半，挖去瓜瓤，斜切成大片。
④ 再放入沸水鍋內焯至斷生，撈出瀝水，放入容器中，趁熱撒上少許鹽拌勻。

① 鍋中加入少許麻油燒熱，下入花椒、薑片煸炒出香味。
② 撈出花椒和薑片不用，將熱油澆淋在苦瓜片上拌勻，倒入燜好的葱油調拌均勻入味。
③ 放入冰箱內冷藏保鮮，食用時取出，入碟上桌即成。

薑汁拌通菜

 20 分鐘 

通菜 750 克，胡蘿蔔 50 克，薑茸 5 克，鹽 1 茶匙，米醋、麻油各 1/2 茶匙，植物油 2 湯匙。

① 通菜擇洗乾淨，並用手將莖管掐破，洗淨瀝乾；胡蘿蔔去皮，洗淨，切成細絲。

② 鍋中加入清水，先放入少許植物油、鹽燒沸，再下入胡蘿蔔絲、通菜焯熟，撈出瀝乾。

③ 將胡蘿蔔絲、通菜放入容器中晾涼，再加入鹽、薑茸、麻油調拌均勻，裝碟後淋入米醋調勻即成。

椒鹽拌花生米

10 分鐘

花生米 500 克，鹽 1 湯匙，花椒粉 1 茶匙，植物油 150 克。

① 將花生米揀去雜質，裝入碟中。

② 炒鍋置火上，加入植物油燒至六成熱，倒入花生米，用小火邊炸邊翻拌。

③ 將花生米炸至呈橙黃色時撈出，瀝油，盛入碟中，再撒上鹽、花椒粉拌勻，上桌即成。

涼拌黃瓜木耳

10 分鐘

黑木耳 30 克，黃瓜、核桃仁各 50 克，鹽、白糖、生抽各 1/2 茶匙，橄欖油、蒜茸汁、香醋、植物油各 1 茶匙。

① 木耳用溫水泡發好，洗淨；核桃仁泡發去皮；黃瓜去皮洗淨，拍鬆，切成塊。

② 鍋中加入植物油燒至六成熱，放入核桃仁炒熟，晾涼切碎。

③ 木耳、黃瓜塊、核桃碎放入盆內，加入蒜茸汁、鹽、白糖、橄欖油、香醋、生抽拌勻即可。

涼拌苦瓜

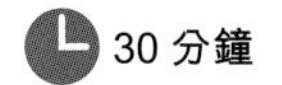

30 分鐘

苦瓜 300 克，蒜茸 15 克，鹽、麻油各 1 茶匙，白糖 2 茶匙，香醋 1 湯匙。

① 苦瓜洗滌整理乾淨，去瓤，切成薄片，放入沸水鍋中焯燙一下，快速撈入用清水盆中過涼，瀝水，放入碟中。

② 將蒜茸、香醋、白糖、鹽、麻油淋在苦瓜上，使味料充分滲入苦瓜中。

③ 將入味的苦瓜放入冰箱中冷藏片刻，取出後瀝乾，上桌即可。

綠豆芽拌乾絲

綠豆芽 250 克，五香豆腐乾 150 克，鹽 1/2 茶匙，白糖、麻油各 1 茶匙，醬油 1 湯匙，料酒少許。

① 豆腐乾切成細絲；綠豆芽擇洗乾淨，瀝乾水分。

② 鍋中加入適量清水燒沸，下入豆腐乾絲焯燙一下，撈出瀝水，放入容器中。

③ 綠豆芽也放入沸水鍋中快速焯燙一下，撈入清水盆中過涼，瀝乾水分，放入裝有豆腐乾絲的容器中。

④ 加入麻油、白糖、鹽、料酒、醬油調拌均匀入味即成。如果喜歡酸辣口味，可以適當加入一些香醋和辣椒油。

麻醬葱段生菜膽

10 分鐘

香葱、生菜膽各 200 克，黃豆酥 15 克，鹽少許，白糖 2 茶匙，麻醬 1 湯匙，醬油 1/2 湯匙。

① 香葱切除根鬚和葉尖部分，洗淨，瀝乾；生菜膽洗淨，切成段，擺入碟中。

② 鍋置火上，加入適量清水燒沸，放入葱段煮熟，撈出晾涼，切成長段，放在生菜上。

③ 麻醬放入碗中，加入白糖、醬油、鹽及少許涼開水攪拌均匀成味汁，澆入碟中，撒上黃豆酥，即可上桌食用。

蔥油拌黃豆芽

10 分鐘 

黃豆芽 300 克，紅椒、青椒各 50 克，蔥白 20 克，鹽、白糖各 1 茶匙。

① 黃豆芽擇洗乾淨，瀝去水分；紅椒、青椒分別去蒂及籽，洗淨，均切成絲；蔥白洗滌整理乾淨，切成細絲。

② 鍋中加水燒沸，放入黃豆芽焯燙 4 分鐘，再放入紅椒絲、青椒絲燒沸，撈出過涼，瀝水。

③ 將黃豆芽、紅椒絲、青椒絲放入大碗中，加入蔥絲、鹽、白糖調拌均勻入味，裝碟上桌即可。

青椒拌豆片

20 分鐘

豆腐 200 克，青椒 100 克，鹽、白糖各 1/2 茶匙，麻油 1 茶匙。

① 青椒去蒂，去籽，洗淨，放入沸水鍋中燙熟，撈出過涼，瀝水，切成菱形小片，放入碟中，加入鹽醃 10 分鐘。

② 豆腐放入清水鍋中，置火上燒沸，煮 5 分鐘，撈出晾涼，切成菱形塊，放入碟中。

③ 加入青椒片、白糖調拌均勻，食用時淋上麻油即可。

十香拌菜

 10 分鐘 

百頁（乾豆腐）絲、青筍絲各 100 克，青椒絲、紅椒絲、胡蘿蔔絲、白蘿蔔絲、水發粉絲、苦苣各 50 克，芫荽、油炸花生米各少許，蒜茸 10 克，鹽 1/2 茶匙，生抽、香醋各 2 茶匙，辣椒油、葱油各 1 茶匙。

① 百頁絲放入沸水鍋中燙透，撈出過涼，擦乾水分；芫荽、苦苣分別擇洗乾淨，均切成段。

② 將所有菜絲洗淨，放入碗中，加入全部調料拌勻，撒上花生米，裝碗上桌即可。

絲瓜拌西芹

 10 分鐘 ★

絲瓜 200 克，胡蘿蔔 150 克，西芹 50 克，鹽 1 茶匙，白糖 1/2 茶匙，檸檬汁 2 茶匙。

① 絲瓜削去外皮，洗淨，切成絲，放入沸水鍋中焯燙一下，用清水過涼，瀝水。

② 胡蘿蔔洗淨，切成絲；西芹擇洗乾淨，放入沸水鍋中焯燙一下，用清水過涼，瀝水。

③ 絲瓜絲放入容器中，再加入胡蘿蔔絲、西芹絲、鹽、白糖、檸檬汁，調拌均勻，裝碟上桌，食用即可。

西芹拌香乾

25 分鐘

香乾 200 克，西芹 100 克，胡蘿蔔 50 克，鹽 1/2 茶匙，生抽、麻油各 1 茶匙，植物油 2 茶匙。

① 西芹撕去表面的老筋，洗淨，瀝水，先切成 5 厘米長的段，再切成粗絲。

② 胡蘿蔔洗淨，切成絲，與西芹一起放入沸水鍋中焯至斷生，撈出沖涼，瀝乾水分。

③ 香乾洗淨，擦淨表面水分，先片成薄片，再切成絲，放入沸水鍋中焯燙一下。

④ 撈出香乾瀝水，放入碗中，加入少許生抽、鹽和麻油調拌均勻。

① 鍋中加入植物油燒至五成熱，下入香乾絲煸炒片刻，出鍋晾涼。

② 碗中放入生抽、麻油、鹽拌勻成鹹鮮味汁。

③ 西芹絲、香乾絲和胡蘿蔔絲放入容器中，加入味汁調拌均勻。放入冰箱內冷藏保鮮，食用時取出，裝碟上桌即可。

蔥油鮮筍

 10 分鐘 

鮮竹筍 250 克，芹菜 100 克，麻油 1/2 茶匙，鹽、白糖、米醋各 1 茶匙，植物油少許。

① 竹筍洗淨，瀝水，切成薄片；芹菜擇洗乾淨，切成段。

② 鍋中加入清水燒沸，加入鹽、植物油，下入竹筍片燒沸，再下入芹菜段焯熟，撈出。

③ 把焯熟的竹筍片、芹菜段均放入盛有冷水的容器中，浸泡 2 分鐘左右，撈出瀝水。

④ 把竹筍片、芹菜段均放入大碗內，加入鹽、白糖、米醋，淋入麻油，調拌均勻，裝碟上桌即可。

香乾拌馬蘭頭

 15 分鐘 

豆腐乾 100 克，馬蘭頭 250 克，鹽、白糖各 1 茶匙，麻油 2 茶匙。

① 將馬蘭頭去除老梗、老葉，洗淨，放入沸水鍋中略燙一下，撈出過涼。

② 再放入清水盆中反覆清洗，擠去汁水，剁成碎末，放入碟中，加入鹽、白糖拌勻。

③ 豆腐乾用沸水略燙一下，撈出瀝乾，切成小丁，放入馬蘭頭碟內，淋入麻油調拌均勻，即可上桌食用。

醋汁豆角

 10 分鐘 

豆角 150 克，老薑 25 克，鹽 1 茶匙，香醋 4 茶匙，麻油 2 茶匙，清湯 1 湯匙。

① 豆角撕去筋絡，洗淨，瀝水，切成 5 厘米長的段，下入沸水鍋中焯燙至熟、呈翠綠色時，撈出過涼，瀝去水分。

② 老薑去皮，洗淨，切成碎粒，放入碗中，加入清湯、麻油調成味汁。

③ 將豆角段放入大碗中，先加入鹽、香醋調勻，浸漬片刻，再淋入調好的味汁調拌均勻入味，裝碟上桌即成。

脆芹拌腐竹

20 分鐘 

芹菜 300 克，水發腐竹 150 克，蒜末 10 克，鹽、米醋各 1 茶匙，麻油 2 茶匙。

① 芹菜擇洗乾淨，瀝去水分，切成 3 厘米長的段；水發腐竹擠乾水分，先從中間對剖成兩半，再橫切成 3 厘米長的段。

② 鍋置火上，加入清水和少許鹽燒沸，下入芹菜段焯燙 2 分鐘至熟透，撈出瀝水。

③ 將腐竹段、芹菜段放入容器內拌勻，晾涼後加入蒜末，再加入米醋、鹽，淋入麻油，拌勻後裝碟即可。

翠筍拌玉蘑

蘆筍 300 克，蘑菇 100 克，胡蘿蔔 50 克，1/2 湯匙，麻油 1 湯匙，植物油 1 茶匙。

① 蘆筍削去老皮，洗淨，瀝水，斜切成片；蘑菇擇洗乾淨，切成片；胡蘿蔔去皮，洗淨，也切成片。

② 鍋中加入適量清水、鹽、植物油燒沸，放入蘑菇片、胡蘿蔔片、蘆筍片焯燙約 2 分鐘，撈出過涼，瀝去水分。

③ 放入大碗中，加入米醋、鹽，淋入麻油調拌均勻，裝碟上桌即可。

怡紅腰豆

乾腰豆 200 克，紅麴米 150 克，白糖 2 湯匙，蜂蜜 3 湯匙。

① 乾腰豆用清水浸泡 10 小時以上，撈出瀝乾；紅麴米用紗布包好。

② 坐鍋點火，加入適量清水，放入泡好的腰豆、白糖、蜂蜜和包好的紅麴米燒開。

③ 轉小火煮約 3 小時至腰豆熟爛，用旺火收汁至濃稠，讓湯汁緊裹腰豆表面，撈出晾涼，裝碟上桌即可。

抓拌萵筍

 10 分鐘 

萵筍 400 克，芫荽 20 克，辣椒 1 隻（約 30 克），蒜瓣 10 克，鹽、辣椒油各 1 湯匙，白糖少許，胡椒粉、麻油各適量。

① 萵筍削去外皮，洗淨，瀝水，切成條，放入容器中；芫荽擇洗乾淨，切成末。

② 辣椒去蒂，去籽，洗淨，切成末；蒜瓣去皮，洗淨，也切成末。

③ 萵筍中加入鹽、白糖、辣椒油、胡椒粉、麻油、蒜末、辣椒末拌勻，撒上芫荽末即可。

爽口西芹

 10 分鐘 

西芹 400 克，鹽 1/2 茶匙，白糖 1 湯匙，米醋 1 茶匙，麻油少許。

① 把西芹取嫩莖沖洗乾淨，瀝乾水分。

② 鍋中加入適量清水，加入鹽燒沸，下入西芹，續煮至沸，焯約 3 分鐘至熟透，撈出，用冷水過涼，瀝去水。

③ 西芹平放在案板上，用刀順長剖成 1 厘米寬的條，再逐條斜切成 3 厘米長的段。

④ 把西芹塊放入大碗中，加入米醋、白糖，淋入麻油拌勻，裝碟上桌即可。

冬筍拌荷蘭豆

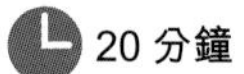

荷蘭豆莢 300 克，冬筍 100 克，麻油 1 茶匙，鹽 1/2 茶匙，白糖 1 茶匙。

① 把荷蘭豆莢擇去兩頭尖角，洗淨，瀝去水；冬筍洗淨，瀝去水，切成均勻的絲。

② 鍋裏放入清水，下入冬筍絲，用大火燒開，焯約 2 分鐘撈出。

③ 再把荷蘭豆莢下入鍋中燒沸，焯約 3 分鐘至熟，撈入冷水盆中浸涼，撈出瀝水，斜切成 3.5 厘米長的絲。

④ 把荷蘭豆莢放入大碗中，加入晾涼的冬筍絲拌勻，再加入鹽、白糖，淋入麻油拌勻，裝碟上桌即可。

椒香醋萵苣

15 分鐘

嫩萵苣 300 克，檸檬汁 50 克，番茄2個，鹽1茶匙，白糖1湯匙。

① 嫩萵苣削去外皮，洗淨，切成 2 厘米見方的丁，放入沸水鍋中焯熟，再撈入冷水盆中過涼，以保持色澤翠綠。

② 番茄放入沸水鍋中焯燙 1 分鐘，撈起去皮，切成塊狀。

③ 盆中加入鹽、白糖、檸檬汁、少許涼開水攪勻，放入萵苣丁、番茄拌勻，裝碟即成。

紅油薯絲

 15 分鐘 

馬鈴薯 400 克，鹽 1 茶匙，白糖少許，花椒油、麻油各 1/2 茶匙，辣椒油 1 湯匙。

① 馬鈴薯洗淨，削去外皮，切成均勻的細絲，放入容器內，加入適量清水浸泡 10 分鐘，撈出。

② 鍋中加入清水，下入薯絲，用大火燒沸，焯約 1 分鐘至熟透，撈出瀝水。

③ 將薯絲放入大碗中，加入花椒油、麻油拌勻，再加入鹽、白糖調勻，然後放入燒熱的辣椒油拌勻，裝碟上桌即可。

芫荽花生拌滷乾

 10 分鐘 

芫荽 150 克，熟花生 70 克，五香豆乾 5 塊，植物油 1/2 湯匙，白糖、鹽、醬油、麻油各 2 茶匙。

① 芫荽擇洗乾淨，放入沸水鍋中，加入少許鹽、植物油焯燙至熟，撈入冷開水盆中泡涼，撈出，瀝乾水分。

② 芫荽切成段，熟花生去外皮；五香豆乾洗淨，瀝水，切成丁。

③ 所有材料放入碗中，加入白糖、鹽、醬油、麻油拌勻，盛入碟中即可。

紅油豆乾雪菜

20 分鐘 

醃雪裡蕻 250 克，豆腐乾 125 克，鹽、麻油、辣椒油各 1/2 茶匙，米醋、白糖各 1 茶匙。

① 雪裡蕻先用冷水沖洗去除部分鹽分，再放入沸水鍋中，焯約 10 分鐘至熟爛，撈出瀝水。

② 再用冷水反覆沖洗，去除鹹味，擠去水，切成 1 厘米長的段；豆腐乾切成丁。

③ 把雪裡蕻段放入大碗中，加入豆腐乾丁拌勻，再加入米醋、白糖、鹽，淋入辣椒油、麻油拌勻，裝碟上桌即可。

紅油雙嫩筍尖

25 分鐘 

萵筍尖 500 克，乾辣椒段 40 克，花椒 25 粒，花椒末少許，鹽、醬油各 1 湯匙，白糖 1/2 茶匙，辣椒油 2 湯匙，米醋、麻油各 1 茶匙，植物油 70 克。

① 萵筍尖洗淨，先切成小段，再切成四牙瓣，用沸水焯燙一下，撈出過涼，碼入碟中。

② 鍋中加入植物油燒至六成熱，下乾辣椒段、花椒炸香，澆淋在筍尖碟中，用碟子蓋嚴，焗約 10 分鐘。

③ 取小碗，加入醬油、白糖、米醋、鹽、麻油、辣椒油、花椒末調勻，製成味汁。

④ 將蓋在筍尖上的碟子取下，澆入調好的味汁拌勻，即可上桌食用。

豆醬拌茄子

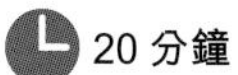 20 分鐘 

紫茄子 250 克，馬鈴薯 200 克，大葱 50 克，芫荽 20 克，黃豆醬 2 湯匙。

① 紫茄子去蒂，洗淨，斜切成大片；馬鈴薯洗淨，削去外皮，切成 1 厘米見方的丁。

② 大葱去皮及根，洗淨，切成 3 厘米長的絲；芫荽擇洗乾淨，切成 2 厘米長的段。

③ 將紫茄子片呈放射狀圍擺在碟子的外側，馬鈴薯丁堆放在碟子中間。

④ 放入蒸鍋內，蓋上鍋蓋，用大火燒開，蒸約 8 分鐘，至熟爛取出。

⑤ 撒上葱絲、芫荽段，澆上黃豆醬調拌均勻，即可上桌食用。

黃豆拌雪裡蕻

4 小時 

醃雪裡蕻250克，黃豆75克，鹽、米醋各 1 茶匙，白糖 1/2 茶匙，花椒油、麻油各 1 湯匙，植物油 2 茶匙。

① 黃豆洗淨，浸泡 3 小時，下入沸水鍋中煮熟，撈出瀝乾；雪裡蕻浸泡 30 分鐘，撈出沖淨。

② 鍋中加入植物油，放入醃雪裡蕻旺火燒沸，焯煮 5 分鐘至熟，撈出過涼，切成段。

③ 雪裡蕻段、黃豆放入大碗中，加入花椒油、麻油、米醋、白糖、鹽拌勻即可。

家常木耳

 15 分鐘 

細木耳 250 克，甜椒 30 克，鹽 1/2 茶匙，油酥豆瓣 8 克，醬油、麻油、白糖、米醋各少許。

① 細木耳入盆，用開水發製好，擇洗乾淨，再用鹽水洗一次，撈起瀝乾水分。

② 青紅甜椒去蒂去籽，切成 3 厘米長、1.5 厘米寬的菱形片。

③ 盆中放入油酥豆瓣及所有調料調勻，放入木耳、甜椒充分拌勻，裝碟即可。

黃瓜拌豆芽

 15 分鐘 

黃豆芽 350 克，黃瓜 50 克，辣椒末 10 克，麻油 1 湯匙，鹽 1 茶匙，白糖、米醋各適量。

① 把黃豆芽擇洗乾淨，瀝去水分；黃瓜洗淨，瀝去水，切成絲。

② 鍋裏放入清水，用大火燒開，黃豆芽入水焯約 4 分鐘至熟透，撈出過涼，瀝水。

③ 黃豆芽放入裝有黃瓜絲的大碗中，加入米醋、鹽、白糖拌勻，裝碗上桌即可。

黃瓜拌乾豆腐

 10 分鐘 

百頁（乾豆腐）200 克，黃瓜 150 克，紅辣椒 20 克，芫荽段 10 克，葱絲 15 克，鹽、米醋各 1 茶匙，白糖 1/2 茶匙，醬油、麻油各 2 茶匙。

① 百頁洗淨，切成細絲，放入沸水鍋中，焯煮 3 分鐘，撈出瀝乾；黃瓜洗淨，切細絲。

② 紅辣椒洗淨，去蒂及籽，切成細絲，放入沸水鍋中略焯，撈出過涼，瀝乾水分。

③ 黃瓜絲、百頁絲、紅辣椒絲、葱絲、芫荽段放入容器中，加入所有調料拌勻即可。

豆腐拌白菜心

 15 分鐘 

白菜心 250 克，百頁（乾豆腐）100 克，大葱 25 克，芫荽 15 克，花椒 10 粒，黃豆醬 50 克，植物油適量。

① 把大白菜心洗淨，瀝水，切成細絲；百頁切成細絲。

② 大葱擇洗乾淨，切成細絲；芫荽去老葉，切成 3 厘米長的段；花椒粒洗淨。

③ 白菜絲放入容器中，加百頁絲、大葱絲、芫荽段拌勻。

④ 鍋中放入植物油燒至四成熱，下入花椒粒，用小火炸至出濃香味，撈出花椒備用。

⑤ 再下入黃豆醬煸炒出醬香味，出鍋倒在白菜絲上，裝碟即可。

薑汁西蘭花

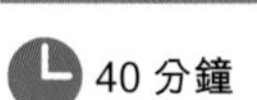 40 分鐘 

西蘭花 500 克，嫩薑 25 克，麻油 1 茶匙，香醋、植物油各 2 茶匙，鹽適量。

① 西蘭花洗淨，瀝水，掰成均勻的塊；嫩薑去皮，剁成細末，放入小碗中，加入香醋調勻，浸泡 30 分鐘，成薑醋汁。

② 容器內加入適量溫水，放入攪至溶化，下入西蘭花塊攪勻，浸泡 10 分鐘，撈出瀝水。

③ 鍋中加入適量清水、植物油，下入西蘭花塊，用大火燒開，焯約 2 分鐘至熟，放入冷水中過涼，撈出瀝水。

④ 把西蘭花塊放入大碗中，加入薑醋汁、鹽，淋入麻油拌勻，裝碟上桌即可。

芥末拌蕨菜

 10 分鐘

嫩蕨菜 300 克，冬筍 100 克，熟芝麻 15 克，芥末 10 克，鹽、白糖、米醋、醬油、花椒油、辣椒油各 1 茶匙。

① 芥末放小碗中，加溫開水、花椒油、辣椒油、米醋、醬油、白糖、鹽，調勻成味汁。

② 蕨菜整理乾淨，切段；冬筍洗淨，切細絲，與蕨菜分別下入沸水鍋中焯燙一下，撈出瀝水。

③ 把蕨菜段、冬筍絲放入碗中，加入熟芝麻，澆入味汁拌勻，裝碟上桌即成。

涼拌海帶

30 分鐘 ★★

鮮海帶 300 克，蓮藕 50 克，青椒、紅椒各 30 克，白糖、米醋各 1 茶匙，蒜茸、鹽、麻油各少許。

① 蓮藕去皮洗淨，先切成薄圓片，每片再切成 4 瓣，入沸水鍋中焯透，撈出沖涼。
② 青椒、紅椒分別去蒂和籽，用清水洗淨，切成菱形小片。
③ 鮮海帶放入淡鹽水中浸泡，揉搓去除黏液，用清水洗淨，撈出瀝淨水分。
④ 海帶切成菱形塊，放入沸水鍋內焯燙一下，撈出過涼，用紗布包裹，擠去水分。

① 將海帶塊、蓮藕片、青椒片、紅椒片放入乾淨容器內。
② 加入鹽、白糖、米醋調拌均勻，再放入蒜茸稍拌。
③ 鍋中放入麻油燒至九成熱，澆淋在海帶塊和蓮藕片上。
④ 用保鮮膜包裹密封，放入冰箱內冷藏，食用時取出裝碟即成。

芥末甘蘭絲

15 分鐘 

甘蘭 250 克，芥菜 100 克，胡蘿蔔 50 克，花椒油、辣椒油各 1 茶匙，鹽 1/2 茶匙，白糖 2 茶匙。

① 甘蘭洗淨，瀝水，切成均勻的絲；芥菜洗淨，瀝水，切成 3 厘米長的段。

② 胡蘿蔔削去外皮，洗淨，瀝水，先斜切成片，再切成絲。

③ 鍋中放入清水，加入鹽燒開，下入蘿蔔絲、甘蘭絲、芥菜段燒沸。

④ 焯約 1 分鐘至剛熟，立即撈出（焯製時間過長會失去脆嫩的口感），瀝去水分。

⑤ 把甘蘭絲、胡蘿蔔絲、芥菜段趁熱放入容器中，加入鹽、白糖、花椒油、辣椒油拌勻，裝碟上桌即可。

金針菇拌黃瓜

10 分鐘 ★★

黃瓜 300 克，金針菇 200 克，蒜末 10 克，鹽、花椒油各 1/2 茶匙，白糖 1 茶匙。

① 黃瓜洗淨，瀝水，切成細絲；金針菇洗淨，放入沸水鍋中焯燙 1 分鐘，撈入清水盆中沖涼，撈出瀝乾。

② 金針菇和黃瓜絲放入碗中，加入白糖、鹽、花椒油、蒜末調拌均勻入味，即可裝碟上桌。

菇椒拌腐絲

15 分鐘 

百頁（乾豆腐）200 克，水發香菇 100 克，紅甜椒、青椒各 25 克，薑絲 10 克，麻油 2 湯匙，鹽 2 茶匙，白糖 1 茶匙，白醋 1/2 茶匙。

① 百頁切細絲；香菇去蒂，洗淨，擠去水；紅甜椒、青椒均去蒂，去籽，洗淨，分別切細絲。

② 鍋中加入清水燒開，下入百頁絲，用大火燒開，改用小火焯約 5 分鐘，撈出瀝水。

③ 百頁絲放入容器內，加入鹽、白醋、白糖拌勻，均勻地攤放在碟內。

④ 鍋中放入麻油燒熱，下入薑絲炒香，加入香菇絲炒熟，下入椒絲，撒入鹽，翻炒約半分鐘，出鍋盛放在百頁絲上即可。

金針菇拌芹菜

15 分鐘 ★★

金針菇 250 克，嫩芹菜 200 克，紅乾椒 10 克，花椒 15 粒，鹽、白糖各 1/2 茶匙，植物油 2 湯匙。

① 芹菜擇洗乾淨，切段；金針菇洗淨，與芹菜分別放入沸水鍋中焯熟，撈出瀝水；紅乾椒洗淨，去蒂及籽，切成細絲。

② 芹菜段、金針菇放入容器中，加入鹽、白糖翻拌均勻，裝入碟中。

③ 鍋中加油燒熱，下入花椒炸香，撈出備用，放入紅乾椒絲炒酥，澆在金針菇上即可。

涼拌蘆筍

 10 分鐘 

蘆筍 350 克，紅辣椒 50 克，鹽 2 茶匙，白糖、植物油各 1 茶匙，麻油、花椒油各 4 湯匙。

① 蘆筍去老皮，洗淨，斜切成片；紅辣椒去蒂、去籽，洗淨，切成 3 厘米長、1 厘米寬的菱形片。

② 鍋中加入清水、鹽、植物油燒沸，下入蘆筍片用大火燒開，焯約半分鐘，再下入紅椒片焯至熟透，撈出過涼，瀝去水分。

③ 蘆筍片、紅椒片放入大碗中，加入花椒油、麻油、鹽、白糖拌勻，裝碟上桌即可。

涼拌苦瓜絲

 10 分鐘 

苦瓜 400 克，紅甜椒 30 克，鹽 1/2 茶匙，麻油、白糖各 1 茶匙。

① 苦瓜去蒂，洗淨，切絲；紅甜椒去蒂、籽，洗淨，切成 3.5 厘米長的細絲。

② 鍋中放入清水，加入少許鹽燒開，下入苦瓜絲，用大火燒沸，焯約 1 分鐘，下入紅椒絲燒開，撈出瀝水，晾涼。

③ 苦瓜絲、紅甜椒絲放入容器內，加入白糖、鹽，淋入麻油拌勻，裝碟上桌即可。

芥末銀絲菠菜

 15 分鐘 

菠菜 400 克，粉絲 25 克，蒜末 10 克，鹽、米醋各 2 茶匙，白糖 1/3 茶匙，麻油 1 茶匙，芥末、辣椒油各適量。

① 芥末放入小碗中，加入溫開水，調勻成糊狀；粉絲剪成長段，放入容器內，加入溫水浸泡 5 分鐘，至變軟撈出；菠菜擇洗乾淨，瀝水。

② 鍋中放入清水，加入鹽燒開，下入粉絲焯約 1 分鐘至熟透，撈入清水盆中過涼，瀝水，放入大碗內，加入麻油拌勻。

③ 菠菜下入焯粉絲的沸水鍋中，用筷子不停地翻動，焯約 2 分鐘至熟，撈入盛有冷水的容器內過涼，撈出瀝水，切成 3 厘米長的段。

④ 把菠菜段放入盛有粉絲的碗內，加入鹽、白糖、米醋、辣椒油、芥末糊拌勻，裝碟上桌即可。

爽味蘿蔔卷

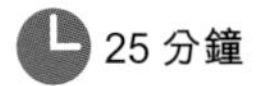 25 分鐘 

胡蘿蔔 250 克，白蘿蔔 50 克，鹽 1 茶匙，白糖、麻油各少許，辣椒油 2 茶匙。

① 胡蘿蔔去皮，洗淨，切成細絲，加入稍醃，擠乾水分，放入碗中，加入白糖、麻油、辣椒油拌勻。

② 白蘿蔔去皮，洗淨，切成大薄片，放入淡鹽水中浸泡，使其質地回軟，瀝去水分。

③ 白蘿蔔片攤平，放上適量胡蘿蔔絲，捲成圓筒狀，逐個做完，改刀切成 2 厘米長的菱形塊，擺放入碟中即可。

涼拌素什錦

20 分鐘 

黃豆芽 200 克，白蘿蔔、胡蘿蔔、芹菜各 75 克，金針菇、水發木耳各 25 克，芫荽 15 克，鹽 1 茶匙，米醋、白糖各 2 茶匙，麻油 1 湯匙。

① 各種原料均洗淨，白蘿蔔、胡蘿蔔削皮，切成絲；芹菜、金針菇、芫荽切段，木耳切成絲。

② 鍋中加水，放入黃豆芽、白蘿蔔絲、胡蘿蔔絲、木耳絲燒開，放入芹菜段、金針菇段焯熟。

③ 撈入大碗內，加入芫荽段、米醋、白糖、鹽，淋入麻油，拌匀即可。

麻醬拌菠菜

10 分鐘 

菠菜 350 克，水發木耳 50 克，芝麻醬 20 克，葱白 15 克，麻油 1/2 茶匙，芥末油、鹽、白糖各 1 茶匙，植物油 4 茶匙。

① 木耳、菠菜洗淨；芝麻醬放在小碗中，加入鹽、白糖、芥末油、麻油，攪成糊狀。

② 鍋裏放入清水、少許鹽、植物油燒開，下入木耳、菠菜焯熟，撈出投涼，瀝水。

③ 菠菜切成段，木耳切絲，葱白切成細絲，均放入碟中，澆入味汁調匀，上桌即可。

木瓜絲拌黃瓜

 10 分鐘 

木瓜 300 克，嫩黃瓜 200 克，紫甘蘭 80 克，鹽 1 茶匙，麻油、辣椒油各 1/2 湯匙。

① 木瓜削去外皮，挖除瓜籽，用清水洗淨，瀝水，切成絲。

② 黃瓜去蒂，洗淨，瀝水，先斜切成 0.2 厘米厚的片，再切成粗細均勻的絲；紫甘蘭洗淨，瀝水，切成細絲。

③ 紫甘蘭絲、黃瓜絲、木瓜絲放入大碗中，加入鹽，淋入麻油、辣椒油拌勻即可。

麻醬拌茼蒿

 10 分鐘 

茼蒿 400 克，紅辣椒絲 20 克，葱絲 15 克，鹽、白糖、米醋、醬油、芝麻醬、芥末油、麻油各適量。

① 茼蒿洗淨，下入加有鹽的沸水鍋中焯燙一下，撈入冷水中浸涼，取出，切成小段。

② 芝麻醬放入小碗內，加入米醋、醬油、鹽、白糖、芥末油、麻油，攪勻成味汁。

③ 茼蒿段放入碟中，均勻地撒上紅椒絲和葱絲，澆上調好的味汁，食用時拌勻即可。

醬漬黃瓜

 4 天 

嫩黃瓜5根（約750克），鹽100克，白糖 1 湯匙，醬油 250 克。

① 將黃瓜去蒂，洗淨，放入容器中；鹽放入盆中，加入適量清水攪至溶化，倒入容器中浸沒黃瓜，蓋好蓋，醃漬 24 小時，撈出，控淨水分。

② 鍋置火上，加入醬油，放入白糖燒至溶化，倒入容器中晾涼，再放入黃瓜。

③ 密封後醃漬 3 天，食用時取出，切成小條，裝入碟中，澆上少許醬汁即可。

綠豆芽拌椒絲

 15 分鐘 

青椒 300 克，綠豆芽 150 克，胡蘿蔔 50 克，薑絲 15 克，辣椒油、麻油各 1 茶匙，米醋、白糖、醬油各 2 茶匙，鹽 1/2 茶匙。

① 薑絲放入小碗中，加入米醋、白糖、醬油，淋入辣椒油、麻油，調拌均勻成味汁。

② 青椒去蒂、籽，洗淨；綠豆芽掐去兩頭，洗淨；胡蘿蔔洗淨，削去外皮，切成絲。

③ 鍋裏放入清水燒開，下入綠豆芽、胡蘿蔔絲，用大火燒開，焯熟撈出，放入冷水中浸泡 1 分鐘，涼透撈出，瀝去水。

④ 青椒下入焯綠豆芽的沸水鍋中，用大火燒開，焯透撈出，放入冷水中浸泡 2 分鐘，至涼透撈出，瀝水，切成均勻的絲。

⑤ 青椒絲放入碟中攤平，綠豆芽絲放在青椒絲上，胡蘿蔔絲放在綠豆芽上，澆上味汁即可。

麻醬萵筍尖

 20 分鐘 

萵筍尖 24 根，芝麻醬、醬油各 2 湯匙，麻油 1 湯匙，鹽、白糖、植物油各 1 茶匙。

① 萵筍尖去粗皮，把嫩莖一端削成果尖形，從此端切開呈四瓣形狀。

② 鍋中加入適量清水燒沸，加入少許植物油，再放入萵筍尖焯熟，撈出投涼，瀝水，放入碟中，排列整齊。

③ 醬油、芝麻醬、白糖、麻油調成味汁，淋入裝有萵筍尖的碟中，上桌即成。

涼拌葱油筍絲

10 分鐘 

萵筍 750 克，葱油 25 克，麻油 1 茶匙，鹽適量。

① 把萵筍削去外皮，洗淨，切成 3.5 厘米長的細絲，放入容器內。

② 先加入鹽（可按個人口味酌情添加，最多不能超過 1 茶匙）拌勻，醃漬約 5 分鐘，瀝去水。

③ 再加入葱油、麻油調拌均勻，裝碟上桌即可。

木耳拌三絲

 20 分鐘 

水發木耳 300 克，青椒、紅椒、黃椒各 50 克，薑末、蒜末各 5 克，白糖 1/2 茶匙，麻油、花椒油、植物油各 2 茶匙，米醋、醬油各 1 茶匙。

① 木耳去蒂，洗淨，青椒、紅椒、黃椒均去蒂、去籽，洗淨，分別切成細絲。

② 小碗中加入薑末、蒜末、米醋、白糖、醬油、麻油、花椒油調勻成味汁。

③ 鍋中加入適量清水，加入少許鹽、植物油燒開，下入木耳絲焯約 2 分鐘，撈出瀝水。

④ 再下入青椒絲、紅椒絲、黃椒絲，用大火燒開，撈出瀝水。

⑤ 木耳絲、青椒絲、紅椒絲、黃椒絲放入大碗中，倒入調好的味汁拌勻，裝碟上桌即可。

蘭花青筍

30 分鐘 

青筍 300 克，櫻桃 2 顆，鹽 1 茶匙，芹菜莖 1 根，白糖少許，清湯、麻油各 2 茶匙。

① 青筍去皮，洗淨，切成長方條，用雕刀刻成一朵朵小花，放入清水盆中浸泡。

② 取一圓碟，將青筍花一層一層整齊地擺放入碟中間，將芹菜莖擺放在花下方作為花枝，兩邊則配以櫻桃作點綴。

③ 碗中用鹽、白糖、麻油、清湯調勻成味汁，淋入碟中青筍上即成。

Part 2 美味炒菜

西芹炒百合

 10 分鐘 

西芹300克，鮮百合50克，薑末少許，鹽、生粉水、花椒油各1茶匙，白糖1/3茶匙，植物油2湯匙。

① 西芹洗淨，切成3厘米長的段，放入加有少許鹽的沸水鍋中焯燙一下，撈出過涼。

② 鮮百合洗淨，掰成小瓣，放入淡鹽水中浸泡。

③ 鍋中加入適量清水、少許鹽、植物油燒沸，放入百合瓣焯燙至熟透，撈出，用冷水過涼，瀝去水分。

① 置旺火上，加入植物油燒至六成熱，先下入薑末炒出香味。

② 放入西芹段翻炒片刻，再放入百合瓣用旺火炒拌均勻。

③ 然後加入剩餘的鹽、白糖炒至入味，用生粉水勾薄芡，淋入熱花椒油炒勻，出鍋裝碟即成。

炒翡翠豆腐

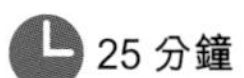

豆腐、雞蛋清各 150 克，白菜葉汁 50 克，番茄 1 個，水發香菇片 25 克，鹽 1/2 茶匙，生粉水 2 湯匙，清湯 4 湯匙，植物油適量。

① 豆腐中加入蛋清、鹽、生粉水、白菜葉汁攪成稀糊狀；番茄去蒂，洗淨，切成片。

② 鍋中加入植物油燒至四成熱，用茶匙蘸上油，刮取豆腐茸，散放入油鍋中。

③ 邊用手勺推動清油，邊放入豆腐茸片，待其上浮，用手勺拉片，倒出瀝油，即為翡翠豆腐。

④ 淨鍋置火上，加入清湯、鹽，再放入番茄片、香菇片燒沸。

⑤ 用生粉水勾薄芡，然後放入炸好的翡翠豆腐翻炒均勻，出鍋裝碗即可。

蓮藕小炒

蓮藕 500 克，白糖、醬油、麻油各 1 茶匙，胡椒粉 1/2 湯匙。

① 蓮藕洗滌整理乾淨，去頭尾，放在案板上，切成薄圓片。

② 蓮藕倒入鍋內，加入適量清水和醬油、白糖、胡椒粉、麻油攪拌均勻。

③ 用旺火煮沸後，改用溫火加蓋燜煮至水將乾，出鍋裝碟即可。

家常冬筍

 15 分鐘 

冬筍 400 克，香菇 50 克，紅椒 1 個，郫縣豆瓣 4 茶匙，麻油、白糖各 1 茶匙，醬油 1/2 湯匙，生粉水、料酒各 2 茶匙，植物油 2 湯匙。

① 冬筍洗淨，切成小方丁，入鍋焯燙一下，撈出；香菇泡開，去蒂，切成丁；紅椒去籽，切成丁。

② 鍋中加入植物油燒熱，先下入筍丁、紅椒丁略煸，加入郫縣豆瓣炒勻。

③ 再放入香菇、醬油、白糖、料酒炒勻，用生粉水勾薄芡，淋入麻油，裝碟即可。

炒雙素

木瓜 400 克，鮮百合 200 克，鹽 1 茶匙，白糖 1/2 茶匙，生粉水 1 湯匙，植物油 2 湯匙。

① 將木瓜洗淨，從中間切開，去瓤及籽，再切成小片；百合洗淨，掰成小瓣。

② 炒鍋置火上，加入植物油燒熱，先下入木瓜片、百合翻炒均勻。

③ 再加入鹽、白糖炒至入味，然後用生粉水勾芡，即可出鍋裝碟。

脆皮豆腐

 15 分鐘 

麵包糠 300 克，豆腐 150 克，糯米紙適量，雞蛋 3 隻，鹽、胡椒粉、白糖各少許，吉士粉 4 茶匙，植物油 500 克（約耗 30 克）。

① 雞蛋磕入碗中，取出蛋清備用，將蛋黃攪勻。

② 豆腐放入容器中，加入吉士粉、鹽、胡椒粉、白糖拌勻成餡。

③ 用糯米紙將豆腐餡包成卷，再沾上蛋黃液，裹上麵包糠。

④ 放入六成熱的油鍋中炸至呈金黃色時，撈出瀝油，裝入碟中即成。

香煎豆腐

15 分鐘 ★★

豆腐 1 塊（約 400 克），葱花、薑末、蒜片各少許，鹽 1/2 茶匙，白糖、醬油、料酒各 1 湯匙，花椒水 1/2 湯匙，生粉適量，植物油 500 克（約耗 75 克）。

① 將豆腐洗淨，瀝去水分，切成長方片，再放入五成熱的油鍋中，煎至兩面呈金黃色，撈出瀝油。

② 鍋中留少許底油燒至七成熱，先下入葱花、薑末、蒜片炒香，再烹入料酒，加入花椒水、醬油、白糖。

③ 然後添入清湯燒沸，放入煎好的豆腐，加入鹽調味，用生粉水勾芡，淋入少許明油，即可出鍋裝碟。

草菇小炒

15 分鐘

白菜 250 克，草菇 20 個，水發木耳 100 克，黃瓜、芹菜各 50 克，胡蘿蔔 30 克，鹽、冰糖末各 2 茶匙，植物油 2 湯匙。

① 木耳擇洗乾淨，撕成小塊；白菜洗淨，切成大片；黃瓜、胡蘿蔔分別洗淨，均切成薄片。

② 芹菜擇洗乾淨，切成小粒；鍋中加入植物油燒熱，放入白菜片、黃瓜、木耳、冬筍、胡蘿蔔、草菇略炒一下。

③ 再加入鹽、冰糖末調味，撒上芹菜粒炒勻，即可出鍋裝碟。

菠菜炒粉絲

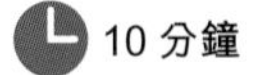

10 分鐘

菠菜 300 克，水發粉絲 30 克，薑末 6 克，鹽 1 茶匙，胡椒粉少許，植物油 2 湯匙。

① 菠菜擇洗乾淨，切成段，放入沸水鍋中燙約 2 分鐘，撈出過涼，瀝乾水分。

② 鍋中加油燒熱，下入薑末炒香，再放入粉絲炒散，然後加入鹽炒勻，出鍋裝碟。

③ 鍋中加入少許底油燒熱，放入菠菜段，加入鹽略炒，再放入炒好的粉絲炒勻，撒上胡椒粉，即可出鍋裝碟。

炒腐竹

 15 分鐘 

乾腐竹 300 克，葱段 20 克，鹽 1/2 茶匙，白糖、料酒、麻油各 1 茶匙，醬油 1 湯匙，清湯 120 克，植物油 2 湯匙。

① 將乾腐竹用清水泡漲，洗淨，切成 1 厘米長的段，放入沸水鍋中焯燙，撈出，瀝乾水分。

② 炒鍋置旺火上，加入植物油燒熱，先下入葱段炸一下，再放入腐竹段炒勻。

③ 然後加入清湯、醬油、白糖、料酒、鹽，炒至湯乾入味時，淋入麻油，裝碟即成。

炒青筍條

 10 分鐘 

青筍 500 克，水發木耳、葱段各 50 克，紅辣椒 3 根，薑片、蒜片各少許，鹽、生粉水各 1/2 茶匙，清湯 2 湯匙，植物油 75 克。

① 青筍去皮，洗淨，切成條，加入少許鹽醃漬 2 分鐘，瀝乾水分；葱段、紅辣椒均切成馬耳朵狀。

② 鍋置旺火上，加入植物油燒至八成熱，先下入葱段、薑片、蒜片、紅辣椒段煸炒。

③ 再加入鹽、青筍條炒勻，然後添入清湯，放入木耳炒勻，用生粉水勾薄芡，出鍋裝碟即成。

炒香菇白菜片

15 分鐘

大白菜 250 克，水發香菇 150 克，葱花、蒜片、薑末各 5 克，鹽、胡椒粉各少許，料酒、醬油、米醋各 1/2 湯匙，生粉水適量，植物油 2 湯匙。

① 白菜洗淨，去葉，抹刀切成片，入鍋焯燙透，撈出投涼，瀝淨水分；水發香菇洗淨，去蒂，抹刀切成片，放入沸水鍋中焯燙 2 分鐘，撈出。

② 鍋中加油燒熱，下入葱、薑、蒜熗鍋，烹入料酒、米醋，放入白菜片，香菇煸炒，加入醬油、鹽炒匀，撒入胡椒粉，勾芡，裝碟即可。

炸炒豆腐

15 分鐘

內酯豆腐 1 塊，青椒 50 克，熟筍片 30 克，麵粉 20 克，葱片、薑末各 10 克，鹽 1/2 茶匙，白糖 1/2 茶匙，米醋、醬油、料酒各 1 茶匙，清湯 800 克，生粉水、植物油各適量。

① 內酯豆腐切成長方塊，滾上麵粉，放入碟中；青椒去蒂，去籽，洗淨，切片。

② 取乾淨炒鍋置於旺火上燒熱，倒入植物油，升溫至六七成熱時，下入豆腐塊炸呈金黃色，倒出瀝油。

③ 炒鍋內留少量植物油，放入薑末、葱片、筍片、青椒片略煸。

④ 加入醬油、白糖等調料燒沸，用生粉水勾芡，倒入炸過的豆腐，迅速翻炒，淋入米醋、明油，出鍋裝碟即成。

醋熘白菜

20 分鐘 

白菜 500 克，胡蘿蔔 50 克，乾紅辣椒、薑片各 5 克，鹽 1/3 茶匙，白糖 1/2 湯匙，生粉適量，陳醋 1 湯匙，花椒油 1 茶匙，植物油 2 湯匙。

① 胡蘿蔔、白菜分別洗淨切片，放入加有少許鹽的沸水中焯燙，撈出瀝水；乾紅辣椒切成段；薑片切成細絲。

② 鍋置火上，加入植物油燒至六成熱，下入薑絲、辣椒段熗鍋。先放入白菜片，用旺火翻炒均勻，再放入胡蘿蔔片稍炒。

③ 然後烹入白醋，加入白糖、鹽炒熟至入味。再用生粉水勾薄芡，淋入燒熱的花椒油，出鍋上碟即成。

剁椒白菜

20 分鐘 

大白菜 600 克，剁椒 75 克，葱末、薑末、蒜末各 5 克，麻油 1/2 茶匙，蒸魚豉油、胡椒粉各 1 茶匙，植物油適量。

① 將大白菜取嫩心洗淨，瀝乾水分，切成 6 瓣。

② 下入沸水鍋中燙至五分熟，撈出瀝水，放在碟內。

③ 鍋置火上，加入植物油燒至六成熱，先下入剁椒、薑末、蒜末略炒。

④ 再加入麻油和蒸魚豉油，用小火煸炒 5 分鐘，放入白菜心熘炒至熟。

⑤ 加入鹽調味，出鍋裝入碟中，撒上葱末，淋入少許燒熱的植物油，上桌即成。

香辣椰菜

椰菜葉 350 克，乾紅辣椒 15 克，葱末 10 克，薑末、蒜末各 5 克，鹽、白糖各 1/2 茶匙，麻油 1 茶匙，植物油 2 湯匙。

① 將椰菜葉洗淨，切成大片；紅乾椒去蒂，洗淨，用清水泡軟，切成細絲。

② 炒鍋置火上，加入植物油燒熱，先下入葱末、薑末、蒜末炒出香味。

③ 再放入紅乾椒絲煸炒片刻，然後放入椰菜葉，加入鹽、白糖，用旺火翻炒至入味，淋入麻油，即可出鍋裝碟。

佛手白靈菇

白靈菇 200 克，佛手 100 克，紅椒片、黃椒片各 20 克，葱花、胡椒粉各少許，鹽 1 茶匙，白糖 1/2 茶匙，生粉水、植物油各適量。

① 白靈菇去蒂，洗淨，切成片；佛手洗淨，切成片，同白靈菇片一同入鍋焯水，撈出瀝水。

② 鍋中加入植物油燒熱，先下入葱花爆香，再放入白靈菇片、佛手片、紅椒片、黃椒片炒勻。

③ 然後加入白糖、鹽、胡椒粉快速煸炒至入味，用生粉水勾芡，淋入明油，出鍋裝碟即可。

薑醋煎茄子

 10 分鐘 

茄子 500 克，蒜茸 20 克，薑末 15 克，鹽少許，香醋 2 茶匙，生粉水 1 茶匙，醬油、麻油、清湯各 1 湯匙，植物油 800 克（約耗 100 克）。

① 將茄子去皮，洗淨，剞上十字花刀，切成菱形塊，再放入八成熱油鍋中炸呈金黃色，撈出。

② 香醋、醬油、薑末、鹽、生粉水、清湯放入碗中調成味汁。

③ 鍋中加油燒熱，先放入茄子、蒜茸略炒，再烹入調好的味汁翻勻，淋入麻油，即可出鍋裝碟。

炒爽口辣白菜片

15 分鐘 

白菜 400 克，乾紅辣椒 15 克，葱片 10 克，薑末 5 克，鹽 1/2 湯匙，米醋 1/2 茶匙，白糖 1 湯匙，醬油、生粉各 2 茶匙，植物油 4 湯匙。

① 將嫩白菜莖去葉，切成片，入鍋焯水，撈出投涼，控淨水分；乾紅辣椒切成小塊。

② 鍋置火上，加入植物油燒熱，先下入葱片、薑末熗鍋，再放入白菜片、辣椒塊炒勻。

③ 然後加入白糖、鹽、醬油，烹入米醋，翻炒至均勻入味，用生粉水勾薄芡，出鍋裝碟即可。

金瓜百合

南瓜 400 克，百合 250 克，鹽 1 茶匙，生粉水 2 茶匙，葱油 2 湯匙。

① 南瓜去皮、去瓜瓤，洗淨，切成片；百合用清水浸泡至軟，洗淨。

② 鍋置火上，加入適量清水燒沸，放入百合焯燙一下，撈出瀝水。

③ 鍋置火上，加入葱油燒熱，放入南瓜片、百合略炒，再加入鹽調味，用生粉水勾薄芡，出鍋裝碟即可。

清炒豌豆莢

豌豆莢500克，青椒、紅椒各15克，葱末、薑末各 10 克，鹽、醬油各 1 湯匙，白糖、米醋各 2 茶匙，麻油少許，植物油 2 湯匙。

① 將豌豆莢洗淨，切去兩端，用少許鹽醃漬入味；青椒、紅椒分別洗淨，去蒂及籽，切絲。

② 坐鍋點火，加入植物油燒熱，先下入葱末、薑末炒出香味，再放入豌豆莢、青椒絲、紅椒絲略炒一下。

③ 然後加入醬油、白糖、米醋、炒至入味，淋入麻油，即可出鍋裝碟。

韭菜炒毛豆

10 分鐘

韭菜 300 克，嫩毛豆粒 100 克，鹽 1/2 茶匙，植物油 2 湯匙。

① 韭菜去掉外層老葉，掐去黃梢，洗淨，切成3厘米長的段；毛豆粒洗淨。

② 鍋置旺火上，加入適量清水燒沸，放入毛豆粒焯燙 5 分鐘，撈入涼水中浸涼，瀝去水分。

③ 淨鍋置火上，加入植物油燒熱，放入韭菜段略炒，再放入毛豆粒，加入鹽炒勻，出鍋裝碟即可。

韭黃乾絲

10 分鐘

韭黃 250 克，豆腐乾 200 克，鹽、白糖、米醋各 1 茶匙，醬油 1/2 茶匙，生粉水 2 茶匙，植物油 2 湯匙，清湯 80 克。

① 豆腐乾切成粗絲，放入沸水鍋中焯燙一下，撈出瀝水；韭黃洗淨，切成小段。

② 白糖、清湯、米醋、鹽、醬油、生粉水放入小碗內調勻成汁芡。

③ 鍋中加油燒熱，放入豆腐乾絲煸炒，再放入韭黃段，烹入汁芡翻炒至收汁即可。

魚香黃瓜丁

黃瓜 500 克，葱花、薑末、蒜末各 5 克，鹽少許，白糖、醬油各 2 茶匙，豆瓣、米醋各 1 湯匙，生粉水 1 茶匙，清湯 150 克，植物油 3 湯匙。

① 將黃瓜去蒂，去皮，洗淨，對剖成兩半，挖去瓤，切成 1 厘米見方的丁。

② 鍋置火上，放入植物油燒熱，下入剁細的豆瓣炒出紅油，再加入薑末、蒜末，烹入清湯。

③ 然後放入黃瓜丁，加入白糖、鹽、醬油、米醋、葱花炒勻，用生粉水勾薄芡即可。

烤麩燒魔芋

魔芋 150 克，青筍塊、胡蘿蔔塊各 100 克，油炸烤麩 40 克，水發小香菇 5 朵，薑 3 片，白糖 2 茶匙，番茄醬 1/2 湯匙，醬油 3 湯匙，麻油 1/2 茶匙，植物油 2 湯匙。

① 魔芋洗淨，切成條，放入沸水鍋中焯燙 1 分鐘，撈出瀝水；每塊烤麩切成 4 片。

② 鍋中加入植物油燒熱，放入薑片、魔芋片、烤麩片、青筍塊、胡蘿蔔塊、香菇煸炒。

③ 再加入醬油、白糖、番茄醬、少許清水燒沸，轉小火燒燜至收汁，淋入麻油炒勻即可。

辣炒蘿蔔乾

 10分鐘 

蘿蔔乾200克，毛豆仁50克，紅辣椒1個，大蒜3瓣，大葱1根，鹽1/2茶匙，白糖2茶匙，醬油1茶匙，麻油少許，植物油2湯匙。

① 蘿蔔乾放入清水中浸泡，洗淨，瀝乾，切成丁；大蒜去皮，切成末；大葱、紅辣椒分別洗淨，均切成末。

② 鍋中加入植物油燒熱，下入紅辣椒末、葱末及蒜末炒香，再放入蘿蔔乾丁、毛豆仁，加入鹽、白糖、醬油、麻油炒至入味，出鍋裝碟即可。

清炒黃瓜片

 10分鐘 

黃瓜300克，蒜片10克，鹽1茶匙，植物油3湯匙。

① 將黃瓜洗淨，去皮，從中間順長剖成兩半，再去除籽瓤，切成0.5厘米厚的長片。

② 炒鍋置火上，加入植物油燒熱，先下入蒜片炒出香味，再放入黃瓜片翻炒均勻。

③ 然後加入鹽炒至熟透入味，淋入明油，即可出鍋裝碟。

栗子雙菇

20 分鐘 

栗子肉 150 克，水發香菇、蘑菇各 100 克，冬筍片、青豆各少許，鹽、白糖各 1 茶匙，麻油 1 茶匙，生粉水、植物油各 1 湯匙。

① 栗子肉沖洗乾淨，放入沸水鍋中煮熟，撈出瀝乾；水發香菇、蘑菇分別去蒂，洗淨；青豆擇洗乾淨。

② 炒鍋置火上，加入植物油燒熱，先下入香菇、蘑菇炒勻。

③ 再加入鹽、白糖、少許清水煮開，轉小火燒至入味。

④ 然後放入栗子肉、冬筍片、青豆翻炒均勻，用生粉水勾芡，淋入麻油，即可出鍋裝碟。

椒鹽豆腐

15 分鐘 ★★

豆腐 300 克，麵包糠 20 克，青菜葉末 15 克，生粉 30 克，鹽、花椒鹽、麻油各 1 茶匙，料酒 2 茶匙，胡椒粉 1/2 茶匙，葱薑汁、植物油各 2 湯匙。

① 豆腐斬成茸，放入容器中，加入鹽、料酒、葱薑汁、胡椒粉、乾生粉拌勻。

② 再加入青菜葉末，拍上麵包糠，做成長方形生坯。

③ 鍋中加入植物油，升溫至七成熱時，將豆腐塊生坯入鍋炸呈金黃色。

④ 撈出瀝油，放在砧板上斜切成厚片，裝碟，淋上麻油，撒上花椒鹽即成。

南瓜炒百合

 20 分鐘 

南瓜 500 克，百合 100 克，青椒、紅椒各 10 克，葱末、薑末各 5 克，鹽 1/2 茶匙，麻油 1 茶匙，生粉水、植物油各 1 湯匙。

① 百合放入清水中浸泡並洗淨，撈出瀝水，掰成小瓣。
② 青椒、紅椒分別去蒂、去籽，洗淨，瀝水，切成菱形小片，同百合瓣一起放入沸水鍋中焯燙一下，撈出瀝水。
③ 南瓜去皮、去瓜瓤，洗淨，切成長方片，放入沸水鍋中焯燙至熟，撈出過涼，瀝淨水分。

① 鍋置火上，加入植物油燒至五成熱，先下入葱末、薑末炒香。
② 再放入百合瓣、青椒片、紅椒片、南瓜片翻炒均匀。
③ 然後加入鹽炒匀入味，用生粉水勾薄芡，淋上燒熱的麻油炒匀，出鍋裝碟即成。

蛋酥花生仁

15 分鐘 ★★

花生仁 500 克，雞蛋清 3 個，鹽 1 茶匙，生粉 90 克，植物油 500 克（約耗 75 克）。

① 將雞蛋清、生粉一同放入碗中，調拌均勻成蛋粉糊。

② 花生仁用沸水略泡一下，撈出裝碗，加入鹽拌勻，再裹勻蛋粉糊。

③ 炒鍋置火上，加入植物油燒至四成熱，下入花生仁炸呈金黃色，撈出晾涼，即可裝碟上桌。

木耳炒腐竹

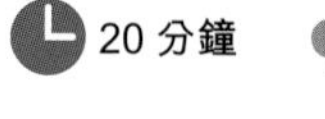

20 分鐘 ★

水發腐竹 250 克，水發木耳 100 克，葱花、薑片、蒜片各 5 克，鹽 1 茶匙，醬油 1/2 茶匙，生粉水 2 茶匙，植物油 2 湯匙，清湯 120 克。

① 木耳洗淨，撕成小朵；腐竹洗淨，切成小段，放入沸水鍋中焯燙一下，撈出瀝乾。

② 鍋中加油燒至六成熱，放入薑片、蒜片炒出香味，再放入腐竹、木耳，添入清湯。

③ 然後加入醬油、鹽燒開，用生粉水勾薄芡，淋入明油，撒上葱花，出鍋裝碟即可。

青椒炒茄絲

茄子400克，青椒100克，蒜茸10克，葱末、薑末各5克，鹽1/2茶匙，植物油2湯匙。

① 茄子去蒂，洗淨，切成粗絲，放入清水中略浸2分鐘；青椒去蒂、去籽，洗淨，切成絲。

② 鍋置旺火上，加入植物油燒熱，先下入蒜茸、葱末、薑末煸香，放入青椒略煸。

③ 再放入茄子絲炒至熟軟，然後加入鹽炒勻入味，出鍋裝碟即可。

蘆蒿香乾

蘆蒿300克，香乾100克，鹽1茶匙，清湯、植物油、麻油各適量。

① 將香乾切成絲；蘆蒿擇除老根，用清水洗淨，切成小段。

② 鍋置火上，加入植物油燒至七成熱，下入香乾絲煸炒，加入清湯和鹽炒至入味，盛出。

③ 炒鍋複置火上，加入植物油燒熱，放入蘆蒿段，加入鹽、清湯翻炒均勻，再放入香乾絲炒勻，淋入麻油，出鍋裝碟即成。

雙冬炒芥菜

 10 分鐘 

芥菜片 500 克，冬菇 10 片，冬筍 50 克，胡蘿蔔 30 克，葱段、薑片各 5 克，鹽、生粉水、麻油各 1 茶匙，白糖、醬油各 2 茶匙，小蘇打 1/3 茶匙，植物油 2 湯匙。

① 鍋中加入適量清水燒沸，放入小蘇打、芥菜片煮透，撈出；冬筍切厚片；胡蘿蔔切成花刀片。

② 鍋中加油燒熱，下入葱、薑爆香，放入雙冬和胡蘿蔔、芥菜炒匀，加入白糖、醬油、鹽炒匀，用生粉水勾芡，淋入麻油，裝碟即可。

冬菇炒蘆筍

 15 分鐘 

蘆筍 250 克，冬菇 150 克，胡蘿蔔 100 克，鹽 1 茶匙，白糖 2 茶匙，生粉水 3 湯匙，植物油 100 克。

① 將冬菇泡軟，去蒂，洗淨，切成兩半；蘆筍去皮，洗淨，切成段；胡蘿蔔洗淨，切成片。

② 炒鍋置火上，加入植物油燒熱，放入蘆筍段、冬菇、胡蘿蔔片炒匀。

③ 再加入白糖、鹽、少許清水，炒至蘆筍熟嫩時，用生粉水勾芡，出鍋裝碟即可。

焦熘豆腐

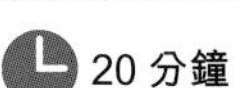20 分鐘 

豆腐1塊（約500克），雞蛋2隻，葱末、薑末、蒜末各5克，鹽1/2茶匙，醬油、米醋、料酒、麻油各1茶匙，麵粉、花椒油各1湯匙，生粉水2湯匙，清湯100克，植物油適量。

① 豆腐洗淨，切成大片；雞蛋磕入碗中，加入生粉水、麵粉、鹽攪勻，調成全蛋糊。

② 豆腐片裹勻蛋糊，下入七成熱油中炸呈金黃色，撈出瀝油。

③ 鍋中加入花椒油燒熱，先下入葱末、薑末、蒜末炒香。

④ 再放入米醋、醬油、清湯，用旺火燒沸，用生粉水勾芡。

⑤ 然後下入豆腐翻熘均勻，再淋入麻油，即可出鍋裝碗。

油燜苦瓜

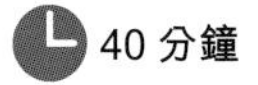40 分鐘 

苦瓜500克，生粉30克，蒜2瓣，料酒、辣椒醬、白糖各1茶匙，葱5克，鹽、麻油各少許，豆豉1茶匙，清湯50克，植物油2湯匙。

① 將苦瓜洗淨，平剖成兩半，去盡瓜瓤洗淨，切成4厘米長、3厘米寬的片，放在沸水鍋內焯一下，撈出後放在冷水中浸涼。

② 蒜剝皮洗淨，放在砧板上，用木杖搗成茸；葱切末待用。

③ 炒鍋上火，放入植物油，將苦瓜片蘸上少許生粉，放入鍋內煎至兩面呈金黃色。

④ 放入料酒、蒜茸、葱花、鹽、白糖、辣椒醬、豆豉、清湯。

⑤ 用小火燜燒至入味，湯汁漸乾時，淋上麻油，出鍋裝碟即成。

南瓜炒蘆筍

 15 分鐘 ★★

南瓜 200 克，蘆筍 150 克，蒜片 10 克，鹽 1/2 茶匙，料酒 1 茶匙，麻油 1/3 茶匙，生粉水、植物油各 1 湯匙。

① 南瓜洗淨，削去外皮，切開後去掉瓜瓤，先切成塊，再切成長 5 厘米，寬 1 厘米的長條。

② 蘆筍切去老根，削去外皮，用清水洗淨，瀝水，斜刀切成小段。

③ 鍋中加入清水和少許鹽燒沸，先放入南瓜條焯燙，再放入蘆筍條焯透，撈出過涼，瀝水。

① 淨鍋置火上，加入植物油燒至五成熱，先下入蒜片炒出香味。

② 再放入南瓜條、蘆筍條略炒，烹入料酒，加鹽炒勻。

③ 然後用生粉水勾薄芡，淋入麻油，即可出鍋裝碟。

蒜炒紫茄

10 分鐘

茄子 300 克，大蒜 2 粒，醬油 1 湯匙，白糖少許，麻油 1/2 茶匙，植物油 3 湯匙。

① 茄子去蒂，洗淨，切成斜刀塊；大蒜去皮，洗淨，切成末。

② 淨鍋置火上，加入植物油燒熱，下入茄子塊稍炸，撈出瀝乾。

③ 鍋留底油燒熱，先下入蒜末爆香，再放入茄子炒至熟軟，然後加入調料炒至入味，淋入麻油，出鍋裝碟即可。

豆皮炒韭菜

20 分鐘

豆腐皮 300 克，韭菜 200 克，薑末 5 克，鹽 1/2 茶匙，麻油 1 茶匙，葱油 2 湯匙。

① 將豆腐皮洗淨，放入清水中泡軟，瀝去水分，切成細條，再放入沸水鍋中焯燙一下，撈出瀝乾；韭菜擇洗乾淨，切成小段。

② 坐鍋點火，加入葱油燒熱，先下入薑末炒出香味，再放入韭菜段炒至斷生。

③ 然後加入豆腐皮、鹽，翻炒至入味，淋入麻油，即可出鍋裝碟。

糖醋豆腐乾

豆腐乾500克，辣椒20克，薑片、蒜片、葱花、鹽、白糖、醬油、白醋、生粉水、清湯、植物油各適量。

① 辣椒去蒂及籽，洗淨，切成片；豆腐切成小丁，放入熱油鍋中炸酥，撈出瀝油。

② 辣椒片、薑片、蒜片、醬油、鹽、白糖、白醋、清湯、生粉水放入碗中調勻成芡汁。

③ 鍋中加油燒熱，烹入芡汁攪勻，待汁濃時，放入豆腐、葱粒翻勻，出鍋裝碟即成。

醋熘綠豆芽

綠豆芽400克，青椒10克，葱絲、薑絲各5克，花椒少許，鹽1茶匙，白醋、植物油各1湯匙。

① 將綠豆芽掐去尾端，洗淨，瀝水；青椒去蒂、去籽，洗淨，切成細絲。

② 鍋中加入植物油燒至五成熱，放入花椒炸香，撈出備用，再下入葱絲、薑絲炒出香味。

③ 然後放入綠豆芽、青椒絲翻炒片刻，烹入白醋，加入鹽炒至入味，出鍋裝碟即成。

豆瓣茄子

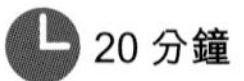 20分鐘 

茄子300克，葱段10克，薑片、蒜片各5克，白糖、豆瓣醬各2茶匙，植物油1000克（約耗50克）。

① 茄子去蒂，洗淨，切成小條，放入清水中浸泡5分鐘，撈出瀝水。

② 鍋置火上，加入植物油燒熱，放入茄條炸軟，撈出瀝油。

③ 鍋留底油燒熱，先下入葱段、薑片爆香，再加入豆瓣醬炒香，然後放入炸好的茄條燒至入味，加入蒜片和白糖炒勻，出鍋裝碟即可。

黃金燒豆腐

 10分鐘 

嫩豆腐1盒，鹹蛋黃4隻，豌豆、香菇、胡蘿蔔、皮蛋各適量，薑末5克，鹽、料酒、生粉各1茶匙，白糖、胡椒粉各1/2茶匙，植物油適量。

① 豆腐取出，切成小丁，放入開水中泡5分鐘；香菇、胡蘿蔔洗淨，均切成丁；鹹蛋黃打散。

② 鍋中加油燒熱，下入薑末、鹹蛋黃炒散，再加入清湯、豆腐、胡蘿蔔、香菇、豌豆燒約3分鐘。

③ 然後加入鹽、白糖、料酒、胡椒粉調味，用生粉水勾芡，出鍋裝碟即可。

番茄菜花

15 分鐘 ★★

菜花 600 克，葱花、薑片各 5 克，番茄醬、白糖各 3 湯匙，米醋 5 茶匙，生粉水 2 茶匙，植物油 75 克，清湯 100 克。

① 將菜花洗淨，切成小塊，再放入沸水鍋中焯至五分熟，撈出瀝乾。

② 坐鍋點火，加入植物油燒熱，先下入番茄醬、葱花、薑片炒香，添入清湯。

③ 再放入菜花、白糖、米醋，用大火燒約 10 分鐘，然後用生粉水勾芡，即可出鍋裝碟。

清炒四角豆

15 分鐘 ★★

四角豆 250 克，蒜片 25 克，鹽 1 茶匙，植物油 2 湯匙。

① 四角豆洗淨，切去頭尾，斜切成薄片，再放入加有少許鹽和植物油的沸水鍋中焯燙 20 秒鐘，撈出浸涼，瀝乾水分。

② 鍋置旺火上，加入植物油燒至七成熱，先下入一半的蒜片炒香，再放入四角豆略炒。

③ 然後加鹽續炒至熟，最後放入剩餘的蒜片翻炒均勻，即可出鍋裝碟。

黃金豆腐

內酯豆腐 1 盒，熟鴨蛋黃 2 隻，葱末 5 克，鹽 1/2 茶匙，料酒 1/2 湯匙，生粉水少許，麻油 1 茶匙，清湯 75 克，植物油適量。

① 將豆腐洗淨，切成兩片，放入碗內；熟鴨蛋黃放入碗中碾碎。

② 炒鍋置火上，加入植物油燒至五成熱，下入豆腐片，煎至兩面呈金黃色時，撈出瀝油。

③ 鍋內留少量油，下入葱末熗鍋，放入煎好的豆腐煸炒片刻。

④ 再加入料酒、鹽翻勻，添入清湯，用旺火燒開。然後用生粉水勾芡，下入蛋黃炒勻，淋入麻油，即可出鍋裝碟。

咕咾豆腐

豆腐 400 克，菠蘿丁 100 克，葱段、薑片、蒜片各 5 克，鹽、白醋各 1 茶匙，生粉 2 湯匙，番茄醬 4 茶匙，白糖、生粉水各 2 茶匙，植物油 800 克（約耗 35 克）。

① 豆腐放入沸水鍋中焯水，撈出瀝乾，切成 1.5 厘米見方的小塊，再拍上生粉，然後下入六成熱油鍋中炸呈金黃色，撈出瀝油。

② 炒鍋置火上，加入植物油燒至六成熱，先下入葱段、薑片、蒜片炸香後撈出，再放入番茄醬攪炒均勻。

③ 然後加入鹽、白糖、清水燒沸，用生粉水勾薄芡，淋入明油、白醋。

④ 最後放入菠蘿丁、豆腐塊翻炒均勻，出鍋裝碟即成。

板栗香菇燒絲瓜

 35 分鐘 

板栗 250 克，絲瓜 150 克，淨香菇 15 克，鹽 1 茶匙，白糖少許，生粉水 3 茶匙，清湯 250 克，植物油 500 克（約耗 50 克）。

① 香菇用清水浸泡至軟，去蒂，洗淨，切成斜刀片。

② 絲瓜去皮，洗淨，瀝去水分，切成 3 厘米大小的菱形小片。

③ 板栗洗淨，放入清水鍋中燒沸，煮約 8 分鐘，撈出，放入清水中浸泡，撈出後去掉內膜，取淨板栗肉。

① 鍋中加入植物油燒至四成熱，先下入絲瓜片沖炸一下，撈出，待油溫升至七成熱時，再放入板栗肉炸至熟爛，撈出瀝油。

② 鍋留底油燒熱，放入板栗肉和香菇炒勻，再加入鹽、白糖和清湯燒沸。

③ 轉中火燜至板栗軟糯，放入絲瓜片炒勻，用生粉水勾薄芡，出鍋裝碟即成。

番茄炒豆腐

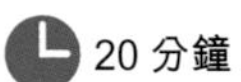 20 分鐘 

豆腐 350 克，番茄 100 克，青豆粒 15 克，鹽 1/2 茶匙，白糖、料酒各 1 茶匙，生粉水 2 茶匙，植物油 2 湯匙，清湯 150 克。

① 將豆腐洗淨，切成 2 厘米見方的塊，再放入沸水鍋中焯透，撈出瀝乾；青豆粒浸泡，洗淨，瀝乾。

② 番茄洗淨，用沸水略燙一下，撕去外皮，切成小丁，再加入少許鹽稍醃片刻。

③ 鍋中加油燒熱，先下入番茄丁略炒，再放入青豆粒、豆腐塊炒勻，烹入料酒，添入清湯。

④ 然後加入鹽、白糖翻炒至收汁，用生粉水勾薄芡，淋入明油，即可出鍋裝碟。

翡翠豆腐

40 分鐘 

鮮蠶豆 350 克，豆腐 150 克，鹽 1/2 茶匙，白糖 2 茶匙，植物油 2 湯匙。

① 將鮮蠶豆剝去外皮，洗淨，放入清水鍋中燒沸，轉中火煮爛，撈出，放在砧板上壓成茸。

② 豆腐洗淨，放入沸水鍋中焯透，取出，壓成豆腐茸。

③ 炒鍋置旺火上，加入植物油燒熱，放入蠶豆茸、豆腐茸，加入白糖、鹽不斷翻炒。

④ 待炒至水分減少、豆茸起沙時，出鍋裝碟，即可上桌食用。

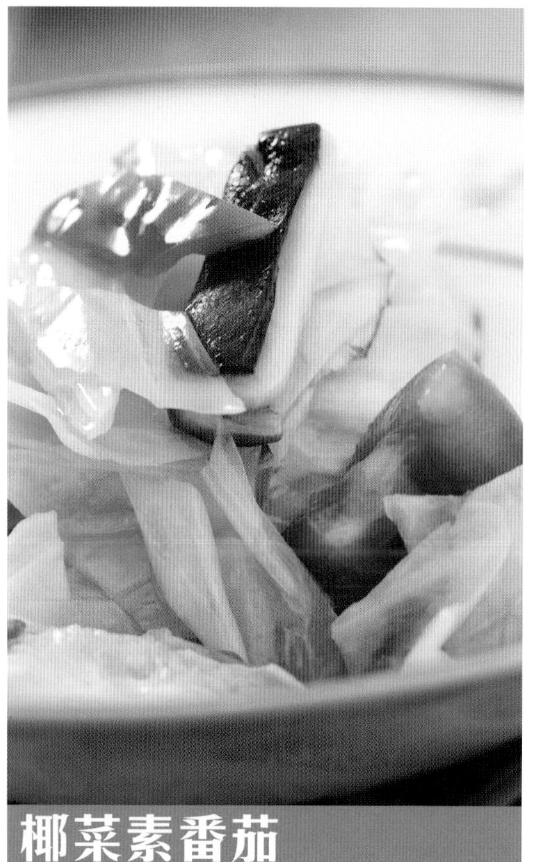

椰菜素番茄

 10 分鐘 

椰菜 450 克，番茄 2 個，紅辣椒 1 隻，香菇 3 朵，葱段 15 克，鹽 1 茶匙，植物油 2 湯匙。

① 將椰菜剝開葉片，洗淨，切成大片；番茄洗淨，去蒂，切成半月形塊狀。

② 香菇泡軟，去蒂，洗淨，切成粗絲；紅辣椒去蒂、去籽，洗淨，切成斜段。

③ 鍋中加入植物油燒熱，先下入葱段爆香，再放入香菇翻炒幾下，然後加入椰菜、番茄炒至熟軟，放入紅辣椒、鹽炒勻，裝碟即可。

豆腐蟹味菇

 20 分鐘 

豆腐 300 克，蟹味菇 100 克，青蒜 2 棵，白糖、醬油、麻油各 1/2 茶匙，生粉 1 湯匙，清湯 200 克，植物油 2 湯匙。

① 豆腐切成約 2 厘米寬的方塊；青蒜切斜段；蟹味菇洗淨，去蒂。

② 鍋中加油燒熱，下入青蒜段炒香，加入豆腐及清湯、醬油、白糖、麻油。

③ 煮滾後改小火燜煮 5 分鐘，再加入蟹味菇，用生粉水勾芡，出鍋裝碟即可。

素燴茄子塊

 25 分鐘 

茄子 500 克，番茄 100 克，洋蔥粒、青椒粒各 50 克，芹菜粒 25 克，香葉 10 克，蒜末 5 克，鹽 1 茶匙，胡椒粉 1/2 茶匙，植物油 2 湯匙，清湯 240 克。

① 茄子去皮、去蒂，洗淨，切成方塊；番茄去蒂，洗淨，用沸水略燙後去皮，切成斜角塊。

② 鍋置火上，加入植物油燒熱，先放入香葉、茄子塊炒至五分熟。

③ 再放入各種料丁、清湯燴熟，然後加入蒜末、鹽、胡椒粉調好口味，出鍋裝碗即成。

風林茄子

 20 分鐘 

茄子 200 克，香葱段、薑末各 10 克，鹽、老抽王各 1 茶匙，麻油 1/2 茶匙，白糖少許，生粉水 4 茶匙，清湯 3 湯匙，植物油 500 克（約耗 100 克）。

① 茄子去蒂、去皮，洗淨，切成大粗條，放入六成熱的油鍋中炸呈金黃色，撈出瀝油。

② 鍋留底油燒熱，先下入薑末煸炒出香味，再放入茄子條，添入清湯燒沸。

③ 然後加入鹽、白糖、老抽王，轉小火燒至汁濃。

④ 放入香葱段，用生粉水勾芡，淋入麻油，出鍋裝碟即成。

雙果百合四季豆

 15 分鐘 

四季豆250克，夏威夷果、腰果、鮮百合各25克，葱花、薑末、鹽、白糖、料酒、生粉水、清湯、植物油各適量。

① 夏威夷果、腰果放入熱油中炸呈金黃色，撈出瀝油；百合洗淨，掰成小瓣。

② 四季豆擇洗乾淨，切去兩頭，與百合一起放入沸水中焯透，撈出瀝乾。

③ 鍋中加入底油燒熱，先用葱花、薑末熗鍋，再烹入料酒，添入少許清湯。

④ 然後加入鹽、白糖調勻，待湯沸時用生粉水勾芡。

⑤ 放入夏威夷果、腰果、百合、四季豆炒勻，淋入明油即可。

蒜茸冬菇

 15 分鐘 

鮮冬菇400克，甜蜜豆50克，冬菜30克，胡蘿蔔6小片，蒜茸、薑末各15克，胡椒粉、生粉、醬油各1茶匙，麻油、白糖各2茶匙，植物油3湯匙，清湯100克。

① 冬菜洗淨，控乾水分，剁成碎末；鮮冬菇擇洗乾淨，切去菇梗，切成片。

② 甜蜜豆撕去豆筋，洗淨，放入熱油鍋中略炒，再加入少許清水炒熟，盛出。

③ 鍋中加入植物油燒熱，先下入薑末、冬菇炒透，再放入蒜茸炒出香味。

④ 然後烹入料酒，加入調料、清湯煮約3分鐘，放入冬菜末、胡蘿蔔稍煮片刻，用生粉水勾芡，放入甜蜜豆炒勻，出鍋裝碟即可。

山藥燴香菇

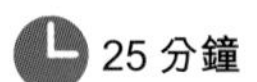 25 分鐘 

山藥 300 克，鮮香菇、胡蘿蔔各 100 克，紅棗 10 枚，葱段少許，鹽 1 茶匙，胡椒粉 1/2 茶匙，醬油 1/2 湯匙，植物油適量。

① 胡蘿蔔洗淨，削去外皮，切成薄片；紅棗洗淨，泡透，取出，去掉果核。

② 鮮香菇去蒂，放入淘米水中浸泡，再換清水洗淨，切成薄片。

③ 山藥削去外皮，用清水洗淨，切成薄片，放入清水盆內，加入少許拌勻並浸泡。

① 鍋置火上，加入植物油燒至六成熱，先下入葱段煸炒出香味。

② 再放入山藥片、香菇片和胡蘿蔔片略炒，加入紅棗、醬油及適量清水，用旺火燒沸。

③ 轉中火燒煮約 10 分鐘至山藥、紅棗熟透，然後加入鹽、胡椒粉調味，出鍋裝碟即成。

巧熘香辣豆腐

豆腐1塊，泡紅辣椒20克，芫荽25克，薑末、蒜末、葱花、桂皮、香葉、鹽、白糖、米醋、麻油、植物油各適量。

① 桂皮剁成小塊，用沸水泡成桂皮水；香葉切碎；泡紅辣椒去蒂，切碎；芫荽洗淨，切碎。

② 碗中加入泡紅辣椒碎、薑末、桂皮水、鹽、香葉、白糖、米醋、蒜末、芫荽末，攪拌成味汁，豆腐洗淨，切成片。

③ 鍋中加油燒熱，下入豆腐片，澆入味汁，熘至豆腐熟嫩，出鍋後撒入葱花，淋入麻油即可。

蒜苗沙茶豆腐

板豆腐1塊，胡蘿蔔50克，蒜苗100克，紅辣椒1個，白糖1茶匙，醬油1湯匙，沙茶醬、植物油各2湯匙。

① 胡蘿蔔洗淨，去皮，切片；蒜苗、紅辣椒去頭尾，洗淨，斜切成片；板豆腐洗淨，擦乾水分，切1.5厘米厚片。

② 鍋中加入植物油燒熱，放入板豆腐煎至兩面呈金黃色，出鍋。

③ 鍋中留底油，加入調料炒勻，再加入蒜苗、胡蘿蔔片及辣椒片炒熟。

④ 下入煎好的豆腐和少許清水燒至入味，即可盛出裝碟。

碎炒豆腐

 20 分鐘 

豆腐 1 塊（約 500 克），葱末、蒜末各 5 克，鹽、花椒粉各 1/2 茶匙，醬油、料酒各 1 茶匙，豆瓣醬 1 湯匙，植物油 2 湯匙。

① 豆腐洗淨，放入沸水鍋中焯燙一下，撈出過涼，碾成茸狀。

② 鍋中加入植物油燒熱，先下入蒜末、豆瓣醬、料酒炒出紅油，放入豆腐茸炒至略乾。

③ 再加入醬油、鹽炒至入味，淋入明油，撒入葱末、花椒粉炒勻，即可出鍋裝碟。

四色豆腐

15 分鐘

豆腐 400 克，水發香菇 80 克，粟米粒、豌豆粒各 30 克，鹽 1/2 茶匙，胡椒粉 1/3 茶匙，醬油、白糖各 1 茶匙，生粉 2 湯匙，植物油適量。

① 香菇去蒂，洗淨，切片；豌豆粒、粟米粒分別洗淨，放入沸水鍋中焯熟，撈出過涼。

② 豆腐洗淨，切成小塊，再拍上生粉，下入熱油鍋中煎呈金黃色，撈出瀝油。

③ 鍋留底油，下入香菇、豌豆粒、粟米粒、豆腐塊及調料炒至入味，撒上胡椒粉即可。

生爆菠菜

15 分鐘

菠菜 500 克，鹽、白糖各 1 茶匙，植物油 3 湯匙。

① 將菠菜擇去黃葉和根，用清水洗淨，瀝去水分，切成 3 厘米長的段。

② 炒鍋置旺火上，加入植物油燒至八成熱（見冒青煙）時，將菠菜入鍋翻炒幾下。

③ 待菠菜將熟時，加入鹽、白糖，淋入植物油翻炒均勻，出鍋裝碟即成。

什錦豌豆粒

20 分鐘

豌豆粒 200 克，胡蘿蔔、荸薺、黃瓜、馬鈴薯、水發黑木耳、豆腐乾各 50 克，葱末、薑末、鹽、白糖、料酒、生粉水、清湯、植物油各適量。

① 胡蘿蔔、荸薺、黃瓜、馬鈴薯、豆腐乾分別洗滌整理乾淨，切丁；木耳撕小朵，焯燙一下，撈出過涼。

② 鍋中加入植物油燒熱，先下入葱末、薑末炒香，再放入各種料丁翻炒均勻。

③ 然後加入料酒、鹽、白糖、清湯燒至入味，用生粉水勾芡，即可出鍋裝碟。

雙色炒薯粒

 15 分鐘 

番茄 150 克，馬鈴薯 150 克，豌豆 100 克，葱花 3 克，鹽 1 茶匙，植物油 4 茶匙。

① 番茄洗淨，用沸水燙一下，撕去外皮，切成丁；馬鈴薯去皮，洗淨，切成丁。

② 炒鍋置旺火上，加入適量清水燒沸，放入豌豆燙熟一下，撈出瀝水。

③ 鍋中加入植物油燒至六成熱，下入葱花煸香，放入馬鈴薯丁略炒，再放入番茄丁與豌豆，加入鹽炒勻入味，出鍋裝碟即可。

蒜香蘆筍

15 分鐘 

嫩蘆筍 400 克，大蒜 5 瓣，鹽 2 茶匙，白糖、麻油、植物油各 1 茶匙。

① 把蘆筍削去老皮，洗淨，瀝去水，切成 4 厘米長的段；大蒜剁成細末；鍋裏放入清水，加入鹽、植物油燒開。

② 下入蘆筍段焯約 5 分鐘，至熟透撈出，放入冷水中浸泡 2 分鐘左右，撈出瀝水。

③ 鍋中加油燒熱，放入蘆筍段略炒，加入蒜末、鹽、白糖翻炒均勻，出鍋裝碟，淋入麻油，拌勻即可。

香扒鮮蘆筍

鮮嫩蘆筍 500 克，葱末、薑末各 5 克，鹽、料酒、麻油各 1 茶匙，白糖 1/2 茶匙，生粉水 2 茶匙，清湯 75 克，植物油 2 湯匙。

① 鮮蘆筍切去根、尖花及老皮，洗淨，瀝水，切成兩半。

② 鍋中加入適量清水燒沸，下入蘆筍焯燙一下，撈出瀝水，擺入碟中。

③ 鍋中加入植物油燒熱，先下入葱末、薑末炒香出味。

④ 再加入料酒、清湯、鹽、白糖，推入蘆筍扒至湯汁將盡時，用生粉水勾芡，淋入麻油，裝碟上桌即可。

樹椒薯絲

馬鈴薯 400 克，乾樹椒 15 克，葱絲 10 克，芫荽少許，蒜片 5 克，鹽 1 茶匙，香醋、花椒油各 2 茶匙，植物油 2 湯匙。

① 馬鈴薯去皮，洗淨，先切成大薄片，再切成細絲，然後放入沸水鍋中焯燙一下。

② 撈出過涼，用冷水浸泡 10 分鐘；芫荽擇洗乾淨，切成小段。

③ 坐鍋點火，加入植物油燒至五成熱，先下入乾樹椒用小火慢慢炸香。

④ 再放入薯絲、葱絲、蒜片翻炒均勻，烹入香醋，用旺火翻炒至薯絲熟軟。然後加入鹽、花椒油、芫荽段翻炒至入味，即可出鍋裝碟。

番茄炒椰菜

 15 分鐘 

椰菜 300 克，番茄 150 克，葱末、薑末各 3 克，鹽、麻油各少許，植物油 1 湯匙。

① 椰菜剝去外層老葉，用清水洗淨，一切兩半，切去菜根。
② 再切成細絲，加入少許鹽拌勻，醃漬 5 分鐘，瀝去水分。
③ 番茄去蒂，洗淨，在表面剞上十字花刀，放入熱水中稍燙，撈出，剝去外皮，切成厚片。

① 鍋中加入植物油燒至五成熱，下入葱末、薑末熗鍋，再放入椰菜絲炒至八分熟，出鍋裝碟。
② 淨鍋置火上，加入少許植物油燒熱，先放入番茄煸炒出汁。
③ 再放入椰菜，加入鹽炒勻，淋入麻油，出鍋裝碟即可。

乾煸南瓜條

15 分鐘

南瓜 500 克，芽菜末 25 克，葱花5克，鹽1/2湯匙，料酒1茶匙，白糖、麻油各 1/2 茶匙，生粉、植物油各 3 湯匙。

① 南瓜洗淨，去皮及瓤，切成 5 厘米長的條，再放入沸水鍋中焯至三分熟，撈出瀝乾，放入碗中，裹勻生粉。

② 鍋中加入植物油燒至七成熱，下入南瓜條炸至外皮酥脆，撈出瀝油。

③ 鍋中加入植物油燒熱，先放入芽菜末、葱花、南瓜條炒勻，再烹入料酒。

④ 然後加入、白糖鹽，用小火煸炒 5 分鐘至入味，淋入麻油，即可出鍋裝碟。

素炒三絲

15 分鐘

青筍 200 克，馬鈴薯 150 克，紅椒 100 克，葱花 10 克，薑末 5 克，鹽 1/2 茶匙，米醋、料酒各 1 茶匙，植物油 3 湯匙。

① 馬鈴薯、青筍分別去皮，切絲，下入沸水鍋中焯至八分熟，撈出瀝乾；紅椒洗淨，切絲。

② 鍋中加油燒熱，下入葱花、薑末炒出香味，放入青筍絲、薯絲、紅椒絲翻炒均勻。

③ 加入鹽、米醋、料酒，快速煸炒至入味，淋入明油，即可出鍋裝碟。

素炒鮮蘆筍

鮮蘆筍300克，薑末15克，鹽1/2茶匙，生粉水2茶匙，麻油1茶匙，清湯100克，植物油2湯匙。

① 將蘆筍去根，洗淨，斜刀切成3厘米長段，再放入沸水鍋中焯透，撈出沖涼，瀝乾水分。

② 坐鍋點火，加入植物油燒熱，先下入薑末炒出香味，再放入蘆筍段翻炒均勻，添入清湯。

③ 然後加入鹽翻炒至入味，用生粉水勾薄芡，淋入麻油，即可出鍋裝碟。

蒜茸通菜

通菜600克，大蒜40克，鹽1/2茶匙，植物油2湯匙。

① 將通菜擇洗乾淨，撈出瀝乾；大蒜去皮，洗淨，剁成蒜茸。

② 坐鍋點火，加入植物油燒至六成熱，先下入蒜茸炒香，再放入通菜炒勻。

③ 然後加入鹽翻炒至斷生，即可出鍋裝碟。

蒜茸炒茼蒿

10 分鐘 

茼蒿 750 克，蒜茸 50 克，鹽 1 茶匙，植物油 2 湯匙。

① 將茼蒿擇洗乾淨，切成長段，再放入加有少許鹽和植物油的沸水鍋中焯燙一下，撈出沖涼，瀝乾水分。

② 坐鍋點火，加入植物油燒熱，先下入蒜茸炒出香味，再放入茼蒿段炒勻。

③ 然後加入鹽翻炒至入味，即可出鍋裝碟。

木瓜炒百合

25 分鐘 ★★

木瓜 400 克，百合 250 克，鹽 1 茶匙，生粉水 5 茶匙，植物油 1 湯匙。

① 將木瓜用水洗淨，用刀剖成兩半，除去瓜籽及瓜瓤，洗淨後切成片。

② 鮮百合放入清水盆中浸泡至軟，沖洗乾淨，瀝乾水分。

③ 炒鍋加入植物油燒熱，將木瓜、百合放入鍋中同炒，加入鹽、白糖等調料，成熟時用生粉水勾芡，出鍋裝碟即成。

家常蒜椒茄子

 20 分鐘 

長茄子 400 克，鮮紅辣椒 2 個，大葱、蒜瓣各 10 克，鹽 1/2 茶匙，醬油 2 湯匙，生粉水 1/2 湯匙，植物油 3 湯匙。

① 茄子去蒂，洗淨，切成小段；大葱洗淨，切成段；鮮紅辣椒洗淨，去蒂、去籽，切成小片。

② 鍋置火上，加入植物油燒至六成熱，放入茄子條，用旺火煎炸至八分熟，瀝去鍋內餘油。

③ 再加入辣椒片、葱段、蒜瓣、醬油、鹽和清水燒至入味，用生粉水勾芡，出鍋裝碟即可。

蘆筍炒香乾

 15 分鐘 

豆腐乾 300 克，蘆筍 150 克，鹽 1/2 茶匙，清湯 100 克，植物油適量。

① 將豆腐乾洗淨，切成粗絲，再下入七成熱油中炸至熟透，撈出瀝油；蘆筍去根，削去老皮，洗淨瀝乾，切成小段。

② 鍋中留底油燒熱，先下入蘆筍段炒至斷生，再放入豆腐乾翻炒均勻。

③ 然後加入鹽、清湯炒至入味，再用生粉水勾芡，即可出鍋裝碟。

筍香豆腐

 15 分鐘 

嫩豆腐 400 克，青筍末 100 克，豆瓣 50 克，青蒜粒 30 克，蔥白粒、泡辣椒末、生粉水各 10 克，鹽、料酒各 1 茶匙，醬油 1/2 茶匙，清湯 100 克，植物油 2 湯匙。

① 將豆腐切成 3 厘米見方的塊，放入沸水鍋中焯燙一下，撈出瀝水。

② 炒鍋燒熱，倒入植物油，放入豆瓣、蔥白粒、泡辣椒末、青筍末煸炒。

③ 加入料酒、醬油、清湯、豆腐燒開，移小火燜燒入味。

④ 加入青蒜粒，用生粉水勾芡，淋入明油，裝碟即可。

雙花炒蘑菇

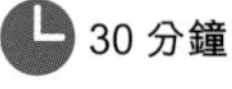 30 分鐘 

西蘭花、椰菜花各 200 克，蘑菇 50 克，蔥段、薑片各 10 克，鹽 1 茶匙，料酒 1 湯匙，生粉水 2 茶匙，清湯、植物油各適量。

① 將西蘭花、椰菜花洗淨，掰成小朵，用淡鹽水浸泡並洗淨，撈出，瀝淨水分。

② 蘑菇洗淨，放入碗中，加入蔥段、薑片、料酒和清湯，上屜旺火蒸 10 分鐘，取出，將蒸蘑菇的原汁過濾去掉雜質，留用。

③ 淨鍋置火上，加入清水和少許鹽燒沸，倒入西蘭花、椰菜花焯透，撈出瀝乾。

④ 鍋中加入鹽、蘑菇汁燒沸，放入蘑菇、椰菜花、西蘭花炒至入味，用生粉水勾芡，出鍋裝碟即可。

芥菜心炒素雞

 15 分鐘 

芥菜心400克，素雞200克，薑塊、蒜瓣、鹽、白糖、胡椒粉、生粉水、麻油、清湯、植物油各適量。

① 將素雞切成 0.6 厘米厚的圓片；薑塊去皮，切成小片；蒜瓣去皮，剁成蒜茸。

② 將芥菜心放入清水中浸泡並洗淨，瀝淨水分，切成 10 厘米長的段。

③ 鍋中加入適量清水、鹽、植物油和薑片燒沸，放入芥菜心快速焯燙至熟，撈出瀝乾，碼放入碟內。

① 鍋置火上，加入少許植物油燒熱，先下入蒜茸煸炒出香味。

② 再輕輕放入切好的素雞厚片煎上顏色，然後加入清湯、鹽、白糖、胡椒粉燒沸。

③ 用生粉水勾薄芡，淋入麻油，出鍋放在芥菜心上即成。

油燜春筍

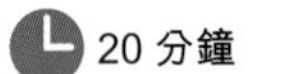 20 分鐘 

春筍 500 克，醬油 2 茶匙，白糖 1/2 湯匙，花椒粒少許，麻油 1 茶匙，植物油 1 湯匙。

① 春筍從中間剖開，剝去外殼，先用刀背拍鬆，切成 5 厘米長的小段，洗淨，瀝水。

② 鍋中加入植物油燒至五成熱，放入花椒炸香，撈出，再放入春筍條煸炒呈淺黃色。

③ 加入醬油、白糖和少許清水，轉小火燒燜 5 分鐘，待湯汁濃稠時，淋上麻油，出鍋裝碟即可。

清炒荷蘭豆

 15 分鐘 

荷蘭豆 350 克，蒜瓣 15 克，鹽 1 茶匙，生粉水 1 湯匙，植物油 2 茶匙。

① 將荷蘭豆撕去豆筋，切去兩端，放入加有少許鹽和植物油的沸水中焯透，撈出過涼，瀝乾水分；大蒜去皮，洗淨，剁成蒜末。

② 坐鍋點火，加油燒至六成熱，先下入蒜末炒出香味，再放入荷蘭豆略炒一下。

③ 然後加入鹽快速翻炒至入味，再用生粉水勾薄芡，淋入明油，即可出鍋裝碟。

香炒茭白

嫩茭白500克，鹽、白糖、胡椒粉、料酒、生粉水、麻油、植物油各適量。

① 茭白削去外皮，切去老根，洗淨，瀝乾水分，剖開，斜切成片。

② 鍋中加入植物油燒至五成熱，放入茭白略炸，撈出瀝油。

③ 鍋中加油燒熱，放入茭白略炒，烹入料酒，加入適量清水、鹽、胡椒粉、白糖，燜3分鐘，用生粉水勾芡，淋入麻油即可。

黃金焗南瓜

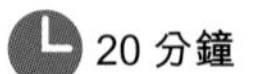

小南瓜1個（約500克），鹹鴨蛋黃4隻，香葱段10克，鹽1/2茶匙，料酒1茶匙，植物油2茶匙。

① 鹹鴨蛋黃放入小碗中，加入料酒調勻，再入鍋隔水蒸8分鐘，取出後用小勺碾碎成細糊狀。

② 將小南瓜洗淨，去皮及瓤，切成小條。

③ 鍋中加油燒熱，先下入香葱段炒香，再放入南瓜條煸炒2分鐘至熟（邊角發軟）。

④ 然後倒入蒸好的鹹鴨蛋黃，加入鹽翻炒均勻，即可出鍋裝碟。

油燜翠玉瓜

 25 分鐘 

翠玉瓜500克，葱末、蒜末各15克，鹽、料酒、麻油各1茶匙，生粉水2茶匙，清湯2湯匙，植物油500克（約耗40克）。

① 將翠玉瓜洗淨，去皮及瓤，切成小條，下入燒熱的油鍋中炒約2分鐘，撈出瀝油。

② 鍋中留底油燒熱，放入葱末、蒜末炒香，再加入料酒、清湯、鹽。

③ 放入翠玉瓜燜約2分鐘，用生粉水勾芡，淋入麻油即成。

銀杏百合炒蘆筍

 15 分鐘 

蘆筍150克，百合50克，銀杏30粒，鹽、胡椒粉、生抽、麻油各1/2茶匙，植物油2湯匙。

① 將蘆筍削去外皮，切成小段，再放入沸水鍋中，加入鹽少許焯燙一下，撈出沖涼。

② 銀杏去殼，放入沸水中煮2分鐘，撈出瀝乾；百合掰成小瓣。

③ 坐鍋點火，加油燒熱，放入蘆筍段、百合、銀杏炒香，再加入鹽、胡椒粉、麻油炒勻，即可出鍋裝碟。

魚香茭白

 25 分鐘 

茭白 500 克，辣椒段適量，葱末、薑末、蒜末各 5 克，鹽、豆瓣醬各 1 茶匙，胡椒粉、白糖、料酒、米醋各少許，生粉 2 茶匙，醬油 1 湯匙，麻油、辣椒油、清湯、植物油各適量。

① 茭白去皮，洗淨，切成片；豆瓣醬剁成末；碗中加入醬油、清湯、鹽、料酒、米醋、辣椒油、白糖、胡椒粉、生粉調成魚香汁。

② 鍋置火上，加入植物油燒至七成熱，放入茭白片滑透，撈出瀝油。

③ 鍋留底油燒熱，先下入葱末、薑末、蒜末和豆瓣醬末炒香。

④ 再放入辣椒段、茭白片炒勻，然後烹入魚香汁翻炒均勻，淋入麻油，裝碟即可。

蘆筍扒竹笙

20 分鐘 

蘆筍 300 克，水發竹笙 200 克，鹽 1 茶匙，麻油少許，生粉水、植物油各 1 湯匙，清湯 100 克。

① 蘆筍去根及老皮，洗淨，瀝乾水分，切成長段。

② 再放入加有少許鹽的沸水鍋中焯熟，撈出瀝乾。

③ 竹笙洗淨，切成 4 厘米長的段，放入沸水鍋中焯透，撈出瀝乾，擺入碟中。

④ 鍋中加入植物油燒熱，先放入蘆筍段略炒，再加入清湯、調料扒燒至入味。

⑤ 然後用生粉水勾薄芡，淋入麻油，倒入竹笙碟中即可。

洋蔥炒豆乾

 15 分鐘 

洋蔥 200 克，豆腐乾 150 克，白糖 1/2 茶匙，醬油、料酒各 1 湯匙，麻油少許，植物油 2 湯匙。

① 白糖、醬油、料酒放入小碗中調勻成味汁；洋蔥剝去外層老皮，用清水洗淨，瀝淨水分，先切成兩半，再切成細條。

② 豆腐乾洗淨，每塊豆腐乾平切成兩片，再切成小條，再用清水稍洗一下。

③ 鍋中加入清水燒沸，放入豆腐乾條焯燙一下，撈出瀝乾。

① 淨鍋置火上，加入植物油燒至六成熱，先下入洋蔥條，用中小火煸炒至變色。

② 再放入豆腐乾條用旺火翻炒均勻，然後烹入調好的味汁炒至入味，淋入麻油，出鍋裝碟即可。

素燒冬瓜

 15 分鐘 

冬瓜 600 克，葱段、薑片、葱花各 10 克，鹽 1/2 茶匙，清湯 3 湯匙，生粉水、植物油各 1 湯匙。

① 將冬瓜去皮，去瓤，洗淨，先切成長方形片，再用花刀切成花條。

② 鍋內加入植物油燒熱，先下入葱段、薑片、冬瓜塊煸炒至稍軟。

③ 再添入清湯，加入鹽炒至入味，然後用生粉水勾芡，盛入碟中，撒上葱花，即可上桌食用。

蘆筍小炒

15 分鐘 ★★

蘆筍罐頭 1 罐，青菜 15 棵，香菇 10 朵，鹽 2 茶匙，生粉水 3 湯匙，清湯適量。

① 蘆筍切成段；青菜洗淨，取菜心，對半切開，再放入沸水鍋中焯燙一下，撈出瀝水；將香菇泡發，去蒂，洗淨。

② 鍋中加入清湯，加入蘆筍、青菜、香菇，用小火燉煮 5 分鐘，撈入碟中。

③ 鍋中湯汁燒沸，用生粉水勾芡成濃湯，加入鹽，淋在蘆筍上即可。

紫茄子炒青椒絲

15 分鐘 ★★

茄子 400 克，青椒 100 克，葱末、薑末各 5 克，蒜末 10 克，鹽 1/2 茶匙，植物油 3 湯匙。

① 將茄子去蒂、洗淨，切成粗絲，再放入清水中浸泡 3 分鐘，撈出擠乾水分；青椒洗淨，去蒂及籽，切成細絲。

② 炒鍋置火上，加油燒至七成熱，先下入葱末、薑末、蒜末炒出香味。

③ 再放入茄子絲炒軟，加入青椒絲略炒，然後放入鹽翻炒至入味，即可出鍋裝碟。

綠豆芽炒粉

15 分鐘 ★★

綠豆芽 400 克，粉條 15 克，葱絲、薑絲各 5 克，鹽、料酒、米醋各 1 茶匙，植物油 2 湯匙。

① 將綠豆芽擇去兩頭，用清水漂洗乾淨，瀝去水分，粉條用開水泡軟。

② 炒鍋置火上，加入植物油燒至八成熱，下入葱絲、薑絲炒出香味，再放入綠豆芽煸炒。

③ 然後放入粉條，加入鹽、料酒、米醋翻炒至均勻入味，出鍋裝碟即可。

綠豆芽炒芹菜

 10 分鐘 ★★

綠豆芽 400 克，芹菜 150 克，葱末、薑末、麻油各少許，鹽 1 茶匙，米醋 1/2 茶匙，葱油 2 湯匙。

① 將綠豆芽擇洗乾淨，瀝乾水分；芹菜去葉，洗淨，切成細絲。

② 鍋內加入葱油燒熱，先下入葱末、薑末炒香，再放入綠豆芽、芹菜段略炒。

③ 然後烹入米醋，加入鹽翻炒均勻，淋入麻油，即可出鍋裝碟。

麻辣白菜

 10 分鐘 

大白菜 750 克，乾辣椒 10 克，花椒 25 粒，鹽 1 湯匙，料酒、醬油各 2 湯匙，植物油 100 克。

① 將大白菜洗淨，掰成大塊；乾辣椒洗淨，切成小段。

② 坐鍋點火，加入植物油燒熱，先放入花椒粒略炒幾下，再下入乾辣椒段炒至變色。

③ 然後放入白菜塊，加入鹽翻炒均勻，最後加入料酒、醬油炒至入味，即可出鍋裝碟。

芹菜炒豆乾

豆乾 300 克，芹菜 100 克，紅椒條 20 克，葱末、薑末、胡椒粉、生粉水、麻油各少許，醬油 1 茶匙，料酒 1/2 茶匙，清湯、植物油各 3 湯匙。

① 豆乾切成條，入鍋焯燙一下，撈出瀝乾，再放入熱油鍋中沖炸，撈出；芹菜擇洗乾淨，切成段。

② 鍋中加油燒熱，先下入葱末、薑末、芹菜段炒香，再烹入料酒，放入豆乾略炒。

③ 然後加入清湯、醬油、胡椒粉炒勻，用生粉水勾芡，淋入麻油，即可出鍋裝碟。

黃金粟米

15 分鐘 ★★

粟米粒 250 克，鹹鴨蛋黃 3 隻，鹽 1 茶匙，白糖 1 湯匙，蒜香炸粉 4 湯匙，植物油適量。

① 將鹹鴨蛋黃入鍋蒸熟，取出碾碎，放入碗中，加入鹽、白糖調勻。

② 將粟米粒拍上蒜香炸粉，放入熱油鍋中炸至香脆，撈出瀝油。

③ 鍋中加入底油燒熱，放入炸好的粟米粒，倒入調好的鹹蛋黃一起炒勻，即可出鍋裝碟。

生煸豆苗菜

30 分鐘　

豌豆苗 400 克，水發冬菇、冬筍各 40 克，蒜末 10 克，薑末少許，鹽 1/2 茶匙，料酒 1 茶匙，植物油 3 湯匙。

① 豌豆苗擇洗乾淨；冬筍、冬菇分別洗滌整理乾淨，切成細絲。

② 鍋中加油燒至六成熱，先下入蒜末炒出香味，再放入冬菇絲、冬筍絲略煸。

③ 然後加入料酒、鹽、豆苗煸炒至豆苗斷生，即可出鍋裝碟。

香辣胡蘿蔔條

20 分鐘　

胡蘿蔔 200 克，青椒條、紅椒條各20克，乾紅椒段、蒜茸各10克，鹽 1 茶匙，生粉 1 湯匙，植物油適量。

① 將胡蘿蔔去皮，洗淨，切成小條，放入沸水鍋中焯燙一下，撈出瀝乾，拍上生粉。

② 鍋置火上，加入植物油燒熱，下入胡蘿蔔略炸，撈出瀝油。

③ 鍋中留底油燒熱，先下入蒜茸、青椒條、紅椒條、乾紅椒段炒出香辣味。

④ 再放入胡蘿蔔略炒，然後加入鹽調味，即可出鍋裝碟。

雪菜豆皮

20 分鐘

新鮮豆皮 300 克，雪裡蕻 200 克，大葱 1 根，清湯 100 克，鹽 1 茶匙，麻油 1/2 茶匙，植物油 30 克。

① 豆皮洗淨，切片；雪裡蕻洗淨，切末；大葱洗淨，切成段。
② 鍋中倒入適量清水燒開，加入豆皮煮 3 分鐘，撈出瀝乾。
③ 鍋內放入植物油燒熱，爆香葱段，加入雪裡蕻以中小火炒出香味。
④ 倒入清湯，再加入豆皮、鹽、麻油翻炒均勻入味，出鍋裝碟即可。

金菇三素

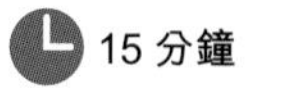

15 分鐘

金針菇 250 克，水發冬菇、冬筍各 50 克，葱絲、薑絲各 5 克，花椒 10 粒，鹽 1 茶匙，料酒 2 茶匙，清湯 3 湯匙，麻油 2 湯匙。

① 冬菇去蒂，洗淨，切絲；冬筍去殼，切絲；金針菇分成小朵，略焯一下，撈出瀝乾。
② 鍋中加入麻油燒熱，下入花椒炸香（撈出備用），再放入葱絲、薑絲炒勻。
③ 加入冬菇、冬筍、金針菇略炒，烹入料酒，添入清湯，加入鹽炒至入味即可。

欖菜四季豆

 25 分鐘 

四季豆 800 克，瓶裝橄欖菜 200 克，尖椒 25 克，蒜瓣 15 克，鹽 1 茶匙，料酒少許，麻油 1/2 茶匙，植物油 3 湯匙。

① 尖椒去蒂及籽，洗淨，瀝去水分，切成尖椒圈；蒜瓣去皮，放在碗中搗爛成茸；橄欖菜取出，放在碟內。

② 四季豆撕去豆筋，用清水洗淨，瀝乾表面水分，切成小段。

③ 再放入加有少許鹽的沸水鍋中焯燙一下，撈出瀝水。

① 鍋中加入植物油燒至八成熱，放入四季豆炒至九分熟，盛出。

② 鍋留底油燒至六成熱，先下入蒜茸煸炒出香味，放入橄欖菜炒勻。

③ 再放入尖椒圈略炒，烹入料酒，然後放入四季豆炒熟，最後加入鹽，淋入麻油，出鍋裝碟即成。

春筍豌豆

20 分鐘 ★★

春筍尖 150 克，豌豆粒 50 克，鹽、生粉水各 1/2 茶匙，植物油 2 湯匙。

① 豌豆粒洗淨，放入沸水鍋中焯熟，撈出過涼，瀝乾水分。

② 春筍尖洗淨，切成小丁，再放入沸水鍋中略焯，撈出瀝乾。

③ 鍋中加入植物油燒熱，先下入豌豆、筍丁略炒，再添入清水燒沸，然後加入鹽燒至入味，再用生粉水勾芡，即可出鍋裝碟上桌食用。

蒜香菠菜

10 分鐘 ★

菠菜 300 克，蒜末 20 克，麻油 1 湯匙。

① 菠菜擇洗乾淨，放入沸水鍋中焯燙一下，快速撈入清水盆中浸涼。

② 將菠菜撈出，用手擠乾水分，放在案板上，切成小段，裝入碟中，淋入麻油，撒上蒜末，即可上桌食用。

荷蘭豆炒白果

 20 分鐘 

荷蘭豆 250 克，白果仁 50 克，蒜末 10 克，鹽 1 茶匙，白糖 2 茶匙，生粉水 1 湯匙，麻油少許，植物油 2 湯匙。

① 將荷蘭豆去除豆筋，洗淨，切成菱形塊；白果仁放入清水中浸泡 30 分鐘，撈出瀝乾。

② 鍋中加入適量清水燒沸，分別放入荷蘭豆、白果仁焯至斷生，撈出瀝乾。

③ 鍋中加入植物油燒至六成熱，先下入蒜末炒出香味，再放入荷蘭豆、白果仁略炒。

④ 然後加入鹽、白糖翻炒至入味，用生粉水勾芡，淋入麻油，即可出鍋裝碟。

家常煎茄子

 10 分鐘 

茄子 500 克，紅辣椒末、葱花各 15 克，蒜茸、薑末各 10 克，鹽 1/2 茶匙，麻油、白糖各少許，豆瓣醬 1 茶匙，辣椒油 2 茶匙，植物油 3 湯匙。

① 茄子切片，加少許鹽、白糖拌勻，醃 5 分鐘，放入熱油鍋中煎上顏色，加入薑末、蒜末煎幾分鐘出香味，撒上鹽、白糖稍煎。

② 加入豆瓣醬、紅椒末炒出香味，收汁後淋麻油、辣椒油炒勻，撒上葱花即可。

胡蘿蔔炒木耳

15 分鐘 ★★

胡蘿蔔 200 克，水發黑木耳 150 克，薑末 10 克，鹽、醬油各 1 茶匙，白糖 1/2 茶匙，料酒 1 湯匙，植物油 2 湯匙。

① 將胡蘿蔔去皮，洗淨，切成花刀條；水發黑木耳去蒂，洗淨，撕成小朵，分別放入沸水鍋中焯燙一下，撈出瀝乾。

② 鍋內加入植物油燒熱，先下入薑末炒出香味，再放入胡蘿蔔片、黑木耳翻炒片刻。

③ 然後烹入料酒，加入鹽、醬油、白糖炒熟至入味，即可出鍋裝碟。

栗子扒油菜

20 分鐘 ★★

油菜 250 克，熟板栗肉 200 克，香菇 50 克，胡蘿蔔片少許，薑片 5 克，鹽 1 茶匙，白糖、胡椒粉、生粉、醬油、料酒、麻油、植物油各適量，清湯 100 克。

① 香菇去蒂，洗淨，切成兩半；板栗肉切成兩半；油菜擇洗乾淨。

② 將油菜焯燙一下，撈出過涼，瀝水。

③ 鍋中加入植物油燒熱，放入油菜，加入鹽炒勻，擺放入碟中墊底。

④ 鍋中加入植物油燒熱，爆香薑片，再放入香菇、栗子肉、胡蘿蔔片及餘下調料扒至入味，用生粉水勾芡，盛在油菜上即可。

家常燒雙冬

 15 分鐘 

水發冬菇 200 克，冬筍 150 克，菜心 2 棵，葱段、薑塊各 5 克，鹽少許，料酒、醬油各 1 湯匙，白糖 1/2 湯匙，麻油 1 茶匙，生粉適量，植物油 500 克（約耗 50 克）。

① 將冬菇洗淨，下入沸水鍋中焯透，撈出，瀝乾水分。

② 冬筍去皮，洗淨，切塊，用沸水焯透，撈出瀝水，再下入熱油鍋中炸呈金黃色，撈出瀝油。

③ 菜心洗淨，放入熱油鍋中清炒至熟，取出，圍在碟邊。

④ 炒鍋上火，加入植物油燒熱，先下入葱段，薑塊炒香，再烹入料酒，加入醬油、白糖、鹽，添湯燒開，撈出葱、薑。

⑤ 然後放入冬菇、冬筍燒至入味，用生粉水勾芡，淋入麻油，出鍋裝碟即可。

糖醋熘白菜木耳

15 分鐘

大白菜 500 克，黑木耳 15 克，鹽 1/2 茶匙，白糖 2 茶匙，米醋 1/2 湯匙，生粉水 1 茶匙，麻油少許，植物油 2 湯匙。

① 大白菜取菜幫，切小條，加入少許略醃；黑木耳用清水泡發，擇洗乾淨，撕成小朵。

② 炒鍋置火上，加入植物油燒至八成熱，下入白菜條和木耳塊翻炒一下。

③ 加入鹽、白糖、米醋熘炒至白菜條熟嫩，用生粉水勾薄芡，淋入麻油，出鍋裝碟即成。

回鍋豆腐

20 分鐘 

豆腐 1 塊，青蒜 30 克，芹菜 25 克，水發木耳、紅椒塊各 20 克，鹽、醬油各 2 茶匙，白糖 1 茶匙，豆瓣醬 2 湯匙，料酒 4 茶匙，植物油適量。

① 豆腐洗淨，切成大片，放入熱油鍋中炸呈淺黃色，撈出瀝油。

② 青蒜、芹菜分別擇洗乾淨，均切成小段；水發木耳擇洗乾淨，撕成小朵。

① 鍋中加油燒熱，放入豆瓣醬炒出香味，再加入醬油、料酒、白糖及適量清水燒沸。

② 然後放入豆腐片，轉小火燒至湯汁濃稠，放入木耳、芹菜段、青蒜段、紅椒塊翻炒均勻，即可出鍋裝碟。

虎皮青椒

 15 分鐘 

青椒 500 克，鹽、醬油各 1 茶匙，香醋 3 茶匙，植物油適量。

① 將青椒去蒂及籽，洗淨，瀝乾水分。

② 鍋中加入植物油燒熱，先下入青椒，用小火煸炒至青椒表面呈虎皮色，再加入鹽、醬油、香醋翻炒至入味，即可出鍋裝碟。

番茄薯片

20 分鐘

馬鈴薯 250 克，小番茄 100 克，洋葱、青椒各 50 克，鹽 1 茶匙，番茄醬 1 湯匙，生粉水 2 茶匙，植物油適量。

① 馬鈴薯洗淨，去皮，切成半圓片，下入熱油鍋中炸呈黃色，撈出瀝油；小番茄、洋葱、青椒分別洗淨，均切成小片。

② 鍋中加入底油燒熱，先放入番茄醬、鹽，添入少許清水炒成甜酸適口的番茄汁。

③ 再下入洋葱片、番茄片、薯片、青椒片翻炒至熟，用生粉水勾薄芡，即可出鍋裝碟。

清炒通菜

25 分鐘

通菜 500 克，蒜末 15 克，鹽、白糖各 1/2 茶匙，生粉水 2 茶匙，植物油 2 湯匙。

① 將通菜擇洗乾淨，切成小段，再放入沸水鍋中焯至斷生，撈出瀝乾。

② 炒鍋置火上，加油燒熱，先下入蒜末炒出香味，再放入通菜翻炒均勻。

③ 然後加入鹽、白糖炒至入味，再用生粉水勾芡，淋入明油，即可出鍋裝碟。

栗子冬菇

20 分鐘

淨栗子 200 克，水發冬菇 50 克，綠葉蔬菜少許，白糖 2 茶匙，醬油 2 湯匙，鹽、生粉水、麻油、植物油各適量。

① 鍋置火上，加入植物油燒熱，下入栗子、冬菇煸炒，再加入醬油、白糖、清水燒沸。

② 然後用生粉水勾芡，淋入麻油，出鍋裝碟。

③ 鍋中加入適量清水，加入鹽、植物油燒沸，下入綠葉蔬菜焯熟，出鍋圍在碟的四週即可。

蘆筍炒三菇

蘆筍、蘑菇、鮑魚菇、草菇各適量，葱花 10 克，鹽少許，醬油、白糖各 1 茶匙，植物油 1 湯匙，麻油 2 茶匙。

① 蘆筍洗淨，去根和外皮，切段；蘑菇、草菇、鮑魚菇洗淨，去蒂，切段，焯燙一下，撈出瀝水。

② 淨鍋置火上，加入植物油燒至六成熱，先下入葱花熗鍋，放入蘆筍條炒勻。

③ 再加入蘑菇、鮑魚菇、草菇和調料，用旺火翻炒均勻，淋上麻油，出鍋裝碟即可。

白菜炒三絲

白菜 300 克，粉絲 150 克，胡蘿蔔絲100克，芫荽段、葱絲各15克，薑絲 5 克，鹽、花椒油各 1 茶匙，胡椒粉 1/2 茶匙，植物油 4 茶匙。

① 白菜洗淨，切絲；粉絲用溫水泡軟，切成段；胡蘿蔔絲放入沸水鍋中焯燙一下，撈出瀝水。

② 鍋中加入植物油燒熱，先下入葱絲、薑絲炒香，再放入白菜絲煸炒。

③ 然後放入胡蘿蔔絲、粉絲、芫荽段炒勻，加入鹽、胡椒粉，淋入花椒油，裝碟即成。

滑炒豌豆苗

15 分鐘 ★★

豌豆苗 750 克，紅椒適量，鹽 1/2 茶匙，植物油 1 湯匙。

① 將豌豆苗擇洗乾淨，瀝乾水分；紅椒去蒂及籽，洗淨，切成細絲。

② 坐鍋點火，加入植物油燒至六成熱，先下入豌豆苗略炒片刻。

③ 再加入鹽快速翻炒均勻，撒上紅椒絲，出鍋裝碟即可。

雪菜炒豆腐

20 分鐘 

豆腐 500 克，醃雪菜 100 克，紅椒末 15 克，葱末、薑末各 5 克，鹽、醬油各 1/2 茶匙，植物油 2 湯匙。

① 豆腐洗淨，瀝水，切成丁，放入沸水鍋中焯透，撈出瀝乾。

② 雪菜放入清水盆中浸泡，除去多餘鹽分，洗淨瀝乾，切成碎末。

③ 炒鍋置火上，加油燒熱，先下入葱末、薑末、紅椒末炒出香味。

④ 再放入雪菜末、豆腐丁炒勻，然後加入醬油、翻炒至入味，即可出鍋裝碟。

白菜片炒蘑菇

15 分鐘

大白菜 250 克，水發香菇 150 克，蔥末、蒜片、薑末、胡椒粉各少許，鹽 1/3 茶匙，料酒，醬油，米醋各 1/2 湯匙，生粉適量，植物油 2 湯匙。

① 將白菜洗淨，去葉，切成片，下入沸水鍋中焯透，撈出沖涼，瀝乾水分。

② 水發香菇擇洗乾淨，切成片，放入沸水中焯透，撈出瀝乾。

③ 鍋置火上，加入植物油燒熱，先下入蔥末、薑末、蒜片炒香，再烹入料酒、米醋。

④ 然後放入白菜片、香菇略炒，最後加入醬油、鹽炒勻。

⑤ 撒上胡椒粉，用生粉水勾芡，淋入明油，出鍋裝碟即可。

滑菇炒小白菜

15 分鐘

小白菜 300 克，滑子蘑 200 克，蒜片 5 克，鹽、料酒各 1 茶匙，生粉水適量，麻油、植物油各 1 湯匙。

① 小白菜洗淨，瀝乾水分；滑子蘑擇洗乾淨，放入沸水鍋中焯透，撈出瀝水。

② 鍋置火上，加入植物油燒熱，先下入蒜片炒香，再放入小白菜、滑子蘑炒勻。

③ 然後烹入料酒，加入鹽調味，用生粉水勾芡，淋入麻油，出鍋裝碟即可。

魚香白菜卷

15 分鐘 

白菜心 6 棵，青椒末、紅椒末各少許，葱花 15 克，蒜片 10 克，薑末 5 克，鹽、醬油各 1 茶匙，白糖、米醋各 2 茶匙，辣椒油 2 湯匙，植物油適量。

① 白菜心洗淨，用牙籤串在一起，放入漏勺中，用熱油澆熟，擺在碟中，撒上青椒末、紅椒末。

② 鍋中留少許底油燒熱，先下入葱花、薑末、蒜片炒出香味，添入少許清水。

③ 再加入鹽、醬油、白糖、米醋、辣椒油翻炒均勻，出鍋澆在白菜心上即可。

黃豆芽炒雪菜

30 分鐘

黃豆芽 200 克，醃雪菜 100 克，葱絲 10 克，薑絲 5 克，鹽、花椒粉、料酒各 1/2 茶匙，醬油 1 湯匙，清湯 100 克，植物油 2 湯匙。

① 黃豆芽擇洗乾淨，放入沸水中焯透，撈出瀝乾；醃雪菜放入清水中浸泡，洗淨，瀝乾，切成 3 厘米長的段。

② 炒鍋置火上，加入植物油燒熱，先下入葱絲、薑絲、花椒粉炒香，烹入料酒，添入清湯。

③ 再放入雪菜段炒勻，然後加入醬油、鹽、黃豆芽翻炒至入味，待湯汁將乾時，淋入明油，即可出鍋裝碟。

栗子扒白菜

 20 分鐘 

白菜心400克，熟栗子肉250克，蔥末、薑末各5克，鹽、白糖、醬油、麻油各少許，料酒、生粉水各1湯匙，清湯適量，植物油3湯匙。

① 將白菜心洗淨，順切成長條，放入沸水鍋中焯至熟軟，撈出瀝水，擺放入碟中。

② 鍋中加入植物油燒熱，先下入蔥末、薑末炒香，烹入料酒。

③ 再加入醬油、鹽、清湯、白糖、栗子燒沸，轉小火扒至入味，勾芡，淋麻油，裝碟即可。

雪菜炒乾絲

10 分鐘 

百頁（乾豆腐）300克，醃雪裡蕻150克，蒜末10克，鹽、白糖各1/2茶匙，植物油2湯匙。

① 百頁洗淨，切絲，用沸水略焯，撈出瀝乾；雪裡蕻放入清水中泡去多餘鹽分。

② 撈出雪裡蕻瀝乾，切成碎末，下入沸水鍋中焯燙一下，撈出擠乾水分。

③ 炒鍋置火上，加油燒熱，先下入蒜末炒香，再放入雪裡蕻、百頁絲炒勻，然後加入鹽、白糖炒至入味，即可出鍋裝碟。

手撕圓白菜

10 分鐘　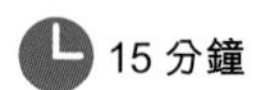

圓白菜適量，乾樹椒 20 克，紅麻椒 15 克，葱末、薑末各 10 克，醬油 1 湯匙，鹽、白糖各 1/2 茶匙，米醋 2 茶匙，植物油適量。

① 圓白菜洗淨，瀝乾水分，將菜葉一片片剝下，撕成小塊，下入熱油鍋中炒半分鐘，撈出瀝油。

② 鍋中加油燒熱，下入葱末、薑末、樹椒炒出香味，再放入圓白菜，加入調料炒勻，盛入碟中。

③ 鍋中加入植物油燒熱，紅麻椒炒香，澆淋在炒好的圓白菜上即成。

鮮菇燒白菜

15 分鐘　

大白菜 300 克，鮮平菇 150 克，葱花、蒜片各 5 克，鹽 1/2 湯匙，胡椒粉 1/2 茶匙，生粉水 2 茶匙，清湯 300 克，植物油 75 克。

① 將大白菜去除老葉，洗淨，斜刀切成大片；鮮平菇洗淨，撕成大片。

② 鍋中加入植物油燒熱，先下入葱花、蒜片炒香，再添清湯，放入平菇、白菜炒勻。

③ 然後加入鹽，用大火燒約 8 分鐘，用生粉水勾芡，即可出鍋裝碟。

油燜冬瓜脯

 20 分鐘 

冬瓜 200 克，草菇、香菇、青菜各 100 克，鹽、白糖各 1/2 茶匙，醬油 1 茶匙，生粉水 1 湯匙，麻油 2 茶匙，植物油 2 湯匙。

① 草菇、香菇去蒂，洗淨，冬瓜去皮，切成片，青菜擇洗乾淨，分別焯燙一下，撈出瀝水。

② 鍋中加入植物油燒熱，放入草菇、香菇、冬瓜片炒勻，再加入鹽、醬油、白糖和少許清水。

③ 轉中火燜至入味，用生粉水勾芡，淋入麻油，出鍋裝碟，用青菜圍邊即可。

煎冬瓜

20 分鐘 

冬瓜750克，蒜瓣10克，葱花5克，鹽 1/2 茶匙，紅乾辣椒 15 克，醬油 1 茶匙，植物油 3 湯匙。

① 冬瓜用清水洗淨，擦淨表面水分，削去外皮，去掉瓜瓤，先在表面交叉剞上棋盤花刀，再切成塊。

② 紅乾辣椒去蒂、去籽，切成碎末；蒜瓣去皮，洗淨，瀝水，剁成茸。

③ 淨鍋置火上，加入植物油燒至七成熱，先下入冬瓜塊煎至兩面微黃，取出。

④ 鍋留底油燒熱，先下入紅乾辣椒末、蒜茸和葱花煸炒出香辣味。

⑤ 再加入醬油、少許清水燒沸，倒入煎好的冬瓜塊燜爛，然後轉旺火收濃湯汁，出鍋裝碗即可。

香菇燒凍豆腐

凍豆腐 500 克，水發香菇 40 克，葱末、薑片、蒜末各 10 克，鹽、胡椒粉各適量，醬油、料酒各 2 茶匙，植物油 2 湯匙。

① 將凍豆腐解凍，用流水沖洗乾淨，切成 4 厘米見方的塊；香菇去蒂，洗淨，切成兩半。

② 坐鍋點火，加入適量清水燒開，放入凍豆腐、香菇焯透，撈出瀝乾。

③ 炒鍋上火，加入植物油燒熱，先下入葱花、薑片、蒜末、香菇炒出香味，烹入料酒。

④ 再加入醬油，添入適量開水，放入凍豆腐燉煮 10 分鐘。

⑤ 然後加入鹽、胡椒粉調好口味，即可裝碟上桌。

尖椒乾豆腐

百頁（乾豆腐）300 克，青尖椒 75 克，葱末、薑末各 5 克，鹽、白糖、生粉水各少許，料酒 2 茶匙，醬油 1 湯匙，清湯、植物油各 2 湯匙。

① 將百頁切成 1 厘米寬，5 厘米長的小條；青尖椒去蒂、去籽，洗淨，切成長條。

② 鍋中加入植物油燒至六成熱，先下入葱末、薑末熗鍋，加入料酒、醬油、鹽、白糖、清湯。

③ 再放入百頁條燒透，然後加入青尖椒片炒勻，用生粉水勾芡，出鍋裝碟即成。

蒜香芥蘭菜

 20 分鐘　★★

芥蘭菜 300 克，蒜末 10 克，鹽 1 茶匙，胡椒粉、白糖、醬油各 1/2 茶匙，生粉水適量，清湯、植物油各 2 湯匙。

① 將芥蘭菜去老葉，洗淨，一切兩半，放入加有適量鹽和植物油的沸水鍋中焯熟，撈出瀝水，擺在碟內。

② 鍋中加油燒熱，下入蒜末炒香，注入清湯，加入白糖、醬油、胡椒粉燒沸，用生粉水勾芡，起鍋澆在芥蘭菜上即可。

雙耳炒菠菜根

 15 分鐘　★★

水發銀耳、水發木耳各 100 克，菠菜根 200 克，薑絲 5 克，鹽 1/2 茶匙，植物油 2 湯匙。

① 菠菜根洗淨，用沸水略焯一下，撈出瀝乾；銀耳、木耳分別擇洗乾淨，撕成小朵。

② 鍋中加油燒熱，放入薑絲炒香，再放入菠菜根和雙耳翻炒均勻，然後加入鹽調味，即可出鍋裝碟。

紅燒香菇

香菇片 500 克，青椒塊、胡蘿蔔片各 30 克，薑片、葱段、白糖、花椒水、醬油、料酒、生粉水、清湯、植物油各適量。

① 鍋中加入植物油燒至七成熱，放入香菇、青椒、胡蘿蔔略炸一下，倒入漏勺瀝油。

② 鍋留底油燒熱，下入葱段、薑片炒香，再加醬油、清湯、料酒、花椒水、鹽、白糖。

③ 揀出葱段、薑片，放入香菇炒勻，用生粉水勾芡，淋入明油，即可出鍋裝碟。

雪菜炒千張

30 分鐘

千張（乾豆腐）300 克，雪裡蕻 100 克，葱絲、薑絲各 5 克，鹽 1/2 茶匙，料酒 1 茶匙，生粉水 2 茶匙，清湯 100 克，植物油 2 湯匙。

① 千張切成細絲，放入沸水中焯燙一下，撈出瀝水；雪裡蕻用清水浸泡，洗淨，切成碎末。

② 鍋置火上，加入植物油燒至六成熱，下入葱絲、薑絲炒出香味，再放入雪裡蕻末煸炒。

③ 然後加入千張絲、鹽、料酒、清湯燒沸，用生粉水勾芡，淋入明油，出鍋裝碟即成。

芥蘭腰果炒香菇

芥蘭400克，腰果50克，香菇10朵，紅辣椒圈適量，蒜片5克，鹽2茶匙，白糖1茶匙，生粉水、植物油各2湯匙。

① 芥蘭去葉，洗淨，切成段，用紅椒圈逐一穿好；香菇去蒂，洗淨，與芥蘭分別焯水，瀝乾；腰果放入熱油鍋中炸熟，撈出瀝油。

② 鍋留底油燒熱，下入蒜片，放入芥蘭段、腰果、香菇翻炒均勻，加入鹽、白糖調味，用生粉水勾芡，出鍋裝碟即成。

香菇扒菜膽

油菜250克，香菇10朵，蒜末5克，鹽1/3茶匙，生粉水1/2湯匙，植物油4茶匙。

① 油菜洗淨；香菇用清水浸泡至漲發，洗去泥沙雜質，切成小朵，與油菜分別下入沸水鍋中焯燙一下，撈出瀝水。

② 炒鍋置火上，加入植物油燒至六七成熱，先下入蒜末爆香，放入油菜與香菇炒勻。

③ 再加入鹽翻炒至均勻入味，用生粉水勾芡，出鍋盛碟即成。

香菇炒翠玉瓜

翠玉瓜 300 克，鮮香菇、胡蘿蔔各 50 克，熟松子仁 25 克，葱末、薑末各少許，鹽、白糖、胡椒粉、麻油各 1/2 茶匙，植物油 2 湯匙。

① 翠玉瓜洗淨，去皮及瓤，切成小條，加入鹽少許略醃一下，撈出沖淨；香菇去蒂，洗淨，切成小條；胡蘿蔔去皮，洗淨，切成小條。

② 鍋中加油燒熱，下入葱末、薑末炒香，放入胡蘿蔔略炒，加入香菇、翠玉瓜、松子仁、鹽、白糖、胡椒粉炒至入味，淋入麻油即可。

豆角炒豆乾

豆腐乾 300 克，豆角 200 克，葱段、薑片、蒜末各 10 克，鹽、胡椒粉各 1/2 茶匙，醬油 1 湯匙，生粉水 2 茶匙，麻油 1 茶匙，植物油 500 克（約耗 30 克）。

① 豆腐乾洗淨，切條，用沸水焯透，撈出瀝乾，加入醬油拌勻，下入熱油鍋中略炸，撈出瀝油。

② 豆角擇洗乾淨，切成段，放入沸水鍋中略焯，撈出瀝乾。

③ 鍋中加油燒熱，先下入葱、薑、蒜炒香，再放入豆角略炒。

④ 加入豆腐乾、鹽、胡椒粉炒至入味，用生粉水勾芡，淋入麻油，裝碟即可。

香菇豆腐

 15 分鐘 

豆腐 300 克，水發香菇 50 克，青豆 20 克，鹽 1/2 茶匙，白糖、醬油、料酒各 1 茶匙，生粉水 2 茶匙，植物油 4 茶匙，清湯 100 克。

① 將豆腐切成長、寬各 4 厘米，0.5 厘米厚的正方形片。

② 水發香菇洗淨，剪去菇柄，斜刀切成片，青豆洗淨，入鍋煮熟，撈出瀝水。

③ 鍋置火上，加入植物油燒至六成熱，逐塊下入豆腐片，煎至兩面呈金黃色。

④ 再加入醬油、料酒、白糖、鹽、清湯、香菇、青豆。

⑤ 轉旺火燒約 2 分鐘，用生粉水勾芡，淋入明油，出鍋裝碟即成。

香菇豆腐餅

10 分鐘 

豆腐 1 塊，香菇末、粟米粒、淨菜心各 50 克，雞蛋 2 隻，葱末、薑末、蒜末各 15 克，鹽、白糖、辣醬油各 1/2 茶匙，植物油 2 湯匙。

① 將豆腐放入容器中搗碎，加入香菇末、葱末、薑末、蒜末、粟米粒、雞蛋液、鹽攪拌均勻調成餡料。

② 平底鍋置火上，加入少許植物油燒熱，將餡料逐個製成小圓餅，放入鍋中煎至熟嫩，取出，裝入碟中。

③ 淨鍋置火上，加入辣醬油、鹽、白糖、少許清水燒沸。

④ 出鍋澆淋在豆腐餅上，再用焯熟的菜心圍邊，上桌即可。

醬汁炒鮮香菇

 10 分鐘 

香菇 500 克，紅椒、黃椒、青椒各半個，白蘭地 1 茶匙，醬油 2 茶匙，植物油 2 湯匙。

① 香菇去蒂，洗淨，切成厚片；青椒、紅椒、黃椒洗淨，均切成條。

② 鍋置火上，加入植物油燒熱，放入香菇片，用中火翻炒至香菇稍微變軟，再加入醬油翻炒。

③ 然後放入青椒條、紅椒條、黃椒條翻炒半分鐘，最後淋上白蘭地，即可出鍋。

鮮香味美茄

 20 分鐘 

茄子 500 克，胡蘿蔔 100 克，青柿椒、洋蔥各 50 克，蒜末、香葉、乾辣椒、芫荽各 10 克、胡椒粉、麵粉、番茄醬、白糖各適量，植物油 2 湯匙。

① 茄子洗淨，切塊；胡蘿蔔洗淨，切絲；青椒、洋蔥分別洗淨，切絲；芫荽擇洗乾淨，切末。

② 坐鍋點火，加油燒至六成熱，放入茄子炸熟，取出瀝油。

③ 鍋留底油，下入蔥絲、蒜末、香葉、青椒絲炒香，放入茄塊及調料炒勻，撒上芫荽末即成。

芥蘭燒雞腿菇

 10 分鐘 

芥蘭 300 克，雞腿菇 200 克，葱花、薑絲各 5 克，鹽 1/2 茶匙，白糖、生粉水各 1 茶匙，植物油適量。

① 芥蘭洗淨，切成斜刀塊，再放入加有少許植物油的沸水鍋中焯燙一下，撈出沖涼，瀝乾水分。

② 雞腿菇擇洗乾淨，切成片，放入沸水鍋中焯燙一下，撈出瀝水。

③ 鍋中加入植物油燒熱，先下入葱花、薑絲炒香，再放入芥蘭、雞腿菇、鹽、白糖翻炒均勻，用生粉水勾芡，即可裝碟上桌。

香菇栗子

 25 分鐘

香菇、栗子各 200 克，紅椒絲、青椒絲各適量，葱花、薑末、蒜末各 5 克，鹽 1 茶匙，植物油 2 湯匙。

① 香菇去蒂，洗淨，切成塊，放入沸水鍋中略焯，撈出瀝水；栗子入鍋蒸熟，去皮，切成兩半。

② 鍋中加入植物油燒熱，先下入葱花、薑末、蒜末爆香，再放入香菇、栗子略炒。

③ 然後放入紅椒絲、青椒絲，加入鹽、翻炒至均勻入味，出鍋裝碟即可。

番茄熘豆腐

30 分鐘 ★★

豆腐 1 塊，番茄 100 克，水發香菇 50 克，油菜 25 克，白糖、料酒、生粉、清湯、植物油各適量。

① 豆腐洗淨，切成骨牌塊，焯燙一下，瀝乾；番茄、香菇、油菜分別洗淨，均切成方條。

② 鍋中加油燒熱，下入香菇、油菜煸炒一下，放入番茄、白糖、料酒、清湯炒勻。

③ 加入豆腐熘至入味，用生粉水勾薄芡，即可出鍋裝碟。

冬菇煎豆腐

30 分鐘 

豆腐 250 克，水發冬菇 50 克，玉蘭片 25 克，葱末、薑末、鹽、醬油、生粉水、白糖、清湯、麻油、植物油各適量。

① 豆腐切成長方薄片，放入熱油鍋中兩面煎黃，取出瀝油；冬菇洗淨，切成長方片。

② 鍋留底油燒熱，下入葱末、薑末炒香，放入冬菇、玉蘭片煸炒一下。

③ 加入清湯、醬油、白糖燒開，用生粉水勾芡，放入豆腐片顛翻均勻即可。

草菇燒絲瓜

 15 分鐘 

絲瓜 500 克，鮮草菇 100 克，葱段、鹽、胡椒粉、料酒、生粉水、清湯、植物油各適量。

① 草菇去蒂，洗淨，焯燙一下，撈出瀝水；絲瓜去皮，洗淨，切成4條，去瓤，切成斜方塊。

② 鍋置火上，加入植物燒至六成熱，下入絲瓜塊滑油，倒入漏勺瀝油。

③ 鍋留底油燒熱，先下入草菇、絲瓜條炒勻，再加入鹽、胡椒粉燒至入味，然後放入葱段，用生粉水勾芡，出鍋裝碟即成。

素炒胡蘿蔔

 20 分鐘 

胡蘿蔔 300 克，豆腐乾 100 克，鹽 1/2 茶匙，白糖、醬油各 1 茶匙，植物油 2 湯匙。

① 胡蘿蔔去頭，去尾，洗淨，切成薄片；豆腐乾切成片。

② 炒鍋置旺火上燒熱，倒入植物油，待鍋中植物油升溫至六成熱時，放入豆腐乾煸炒幾下。

③ 再放胡蘿蔔片，炒至胡蘿蔔片將熟，放入醬油、鹽、白糖，炒至胡蘿蔔成熟，出鍋裝碟即可。

蒜香西蘭花

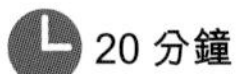20 分鐘 

西蘭花 400 克，胡蘿蔔 50 克，蒜末 20 克，鹽 2 茶匙，白糖、麻油各 1 茶匙，植物油適量。

① 西蘭花洗淨，瀝水，掰成小塊；胡蘿蔔洗淨，削去外皮，切成 0.5 厘米寬的條。

② 西蘭花塊放入大碗中，加入鹽、清水攪勻，浸泡 10 分鐘，撈出瀝水。

③ 鍋裏放入清水燒開，下入西蘭花塊、胡蘿蔔條焯至八分熟，撈出瀝水。

④ 鍋中加油燒熱，加入蒜末炒香，放入西蘭花塊、胡蘿蔔條翻炒均勻。

⑤ 加入鹽、白糖，淋入麻油，炒勻入味，裝碟上桌即可。

番茄炒雞蛋

15 分鐘 

番茄 300 克，雞蛋 3 隻，鹽、白糖各 1 茶匙，麻油 1/2 茶匙，植物油 2 湯匙。

① 番茄用清水洗淨，放入盛有熱水的容器內浸燙一下，撈出剝去外皮，切成滾刀塊。

② 雞蛋磕入碗中，用筷子攪拌均勻，邊攪拌邊加入鹽少許拌勻。

③ 鍋中加入少許植物油燒至七成熱，倒入雞蛋液，炒至凝固並呈金黃色時，出鍋盛入碟內。

④ 鍋中加入剩餘植物油燒熱，放入番茄稍炒，加入白糖、翻炒至均勻入味。

⑤ 再放入雞蛋翻炒均勻，淋入麻油略炒，出鍋裝碟即可。

草菇扒豆腐

 15 分鐘 

豆腐 3 塊，草菇 150 克，葱末、薑末各 10 克，鹽、醬油、生粉水各 1/2 湯匙，植物油 1 湯匙。

① 將草菇洗淨，放入沸水鍋中焯燙一下，撈出瀝乾；豆腐切成片，加入少許鹽略醃，再放入熱油鍋中煎至兩面呈金黃色時，撈出瀝油。

② 鍋留底油燒熱，先下入草菇煸透，再加入薑末、鹽、醬油和適量清水燒約 5 分鐘，用生粉水勾芡，放入豆腐、葱末推匀，即可裝碟。

金針菇炒絲瓜

 15 分鐘 

絲瓜 400 克，金針菇 200 克，油條 1 根，薑汁、料酒各 1 茶匙，生粉水 2 茶匙，麻油、胡椒粉、白糖、鹽、植物油各適量，清湯 200 克。

① 將金針菇洗淨，控乾水分；絲瓜去皮，洗淨，切成絲；將油條切碎，放入熱油鍋中炸至酥脆，撈出瀝油。

② 鍋留底油燒熱，先加入薑汁，放入絲瓜翻炒數下，盛出。

③ 鍋中加油燒熱，放入金針菇炒透，再加入調味料、清湯燒約 5 分鐘。

④ 然後放入絲瓜條炒匀，用生粉水勾芡，出鍋裝碟，撒上油條碎即成。

蒜茸西蘭花

 15 分鐘 

西蘭花 500 克，蒜瓣 50 克，紅尖椒 1 隻，鹽、麻油、植物油各 1 湯匙，生粉水適量。

① 蒜瓣剝去外皮，洗淨，瀝去水分，剁成細茸；紅尖椒去蒂和籽，洗淨，瀝淨水分，切成小菱形片。

② 西蘭花去蒂，洗淨，掰成小朵，在根部剞上十字花刀。

③ 再放入加有少許植物油和鹽的沸水鍋中焯燙至熟，撈出瀝水。

① 取圓碗 1 個，把西蘭花朝內放在碗內，再翻扣在碟內。

② 鍋中加入植物油燒至七成熱，先下入蒜茸炒出香味，再放入紅尖椒片炒勻。

③ 然後加入清湯、鹽調味，用生粉水勾薄芡，淋入麻油，出鍋澆淋在西蘭花上即成。

Part 3 滋養湯水

芙蓉髮菜湯

35 分鐘 

豌豆苗、熟冬筍、鮮蘑菇各 50 克，髮菜 25 克，雞蛋清 2 隻，胡蘿蔔 1/2 根，鹽、生粉、料酒、冬菇湯、麻油、清湯各適量。

① 豌豆苗洗淨；胡蘿蔔洗淨，切成細末；冬筍、鮮蘑洗淨，切成片，入鍋焯燙一下，撈出瀝水。

② 髮菜放入清水盆中泡軟，擇去雜質，洗淨，擠乾水分。

③ 取一圓碟，塗少許麻油，將髮菜撕散，團成小圓餅，放入碟內。

④ 蛋清加入少許生粉攪勻，潑在髮菜餅上，再撒上胡蘿蔔末，入鍋蒸 2 分鐘，取出。

① 鍋置火上，加入清湯，放入冬菇片、冬筍片、蘑菇片燒沸，撈入湯碗內。

② 再放入豌豆苗焯燙一下，撈出，放入盛有蘑菇片的湯碗內。

③ 湯鍋內加入鹽、料酒燒沸，撇去浮沫，倒入碗內。

④ 再放入蒸好的髮菜餅，使其浮在湯面上，淋入麻油即成。

番茄蛋花湯

雞蛋3隻，番茄2個，葱花、薑末各10克，胡椒粉少許，鹽、麻油各2茶匙，植物油2湯匙，清湯800克，生粉水1湯匙。

① 雞蛋打入碗內，調成蛋液；把葱花、胡椒粉、麻油放入湯碗內。

② 鍋中加入適量清水燒熱，下入番茄燙一下，去皮切丁。

③ 鍋中加入植物油、薑末炒香，加入清湯、鹽燒沸，用生粉水勾芡，淋入蛋液做成蛋片，加入番茄丁，倒入湯碗內即成。

參竹百合潤肺煲

蘆筍160克，沙參15克，玉竹10克，新鮮百合1個，紅棗8粒，鹽2茶匙。

① 將沙參、玉竹洗淨；百合剝成小瓣，洗淨；蘆筍削去老皮，洗淨，切成段；紅棗用清水浸泡15分鐘，洗淨，去核。

② 將沙參、玉竹、紅棗放入砂鍋中，再加入適量清水，置火上煮沸。

③ 轉小火燉煮30分鐘，然後放入蘆筍段、百合煮5分鐘，加入鹽調味，出鍋裝碗即可。

蓮藕竹蓀冬菇湯

2 小時 ★★

蓮藕 500 克，竹蓀 100 克，冬菇 50 克，薑 2 片，鹽 1 茶匙。

① 將蓮藕去皮，洗淨，切成片；竹蓀、冬菇用清水浸軟，洗淨，冬菇去蒂，切成小塊。

② 湯煲置火上，加入適量清水燒沸，下入蓮藕、竹蓀、冬菇、薑片，用大火燒沸。

③ 再轉文火煲約 2 小時，然後加入鹽調好口味，出鍋裝碗即可。

鮮蘑菜心湯

20 分鐘 ★★

鮮香菇 5 朵，青菜心 3 棵，花椒 15 粒，鹽、醬油各 2 茶匙，生粉水 4 茶匙，麻油 3 湯匙，清湯 500 克。

① 青菜心擇洗乾淨，放入沸水鍋中焯燙一下，撈出漂涼，擠乾水分，切成 3 厘米長的段。

② 鮮香菇去蒂，洗淨，切成薄片，放入沸水鍋中焯燙一下，撈出瀝水。

③ 鍋置火上，加入清湯、醬油、鹽、蘑菇片和青菜段燒沸，用生粉水勾薄芡，倒入湯碗中。

④ 鍋中加入麻油燒至五成熱，放入花椒粒炸呈黑色，撈出花椒備用，花椒油倒入湯碗中即可。

什錦豆腐湯

 20 分鐘 

豆腐 1 塊，白菜葉、水發粉絲各 100 克，水發黑木耳、水發黃花菜、水發香菇各 25 克，蔥花 15 克，鹽 2 茶匙，胡椒粉少許，生粉水 1 湯匙，麵粉 3 湯匙，清湯 1000 克，植物油適量。

① 豆腐洗淨，碾成茸狀，再加入生粉水、麵粉、胡椒粉、蔥花、攪勻，團成丸子。

② 鍋置火上，加入植物油燒至七成熱，下入豆腐丸子炸呈金黃色，撈出瀝油。

③ 鍋中加入清湯，先放入白菜、黑木耳、黃花菜、香菇燒沸，再下入豆腐丸子略煮。

④ 然後加入鹽、胡椒粉煮至入味，淋入麻油，即可出鍋裝碗。

什錦蔬菜湯

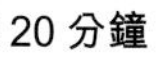 15 分鐘 

山藥、紫洋葱、通心粉各 50 克，番茄 1 個，黃瓜、胡蘿蔔各 1 根，鹽、醬油各 1 茶匙，料酒 1 湯匙，檸檬水、植物油各適量。

① 山藥去皮，洗淨，切成小片，放入檸檬水中浸泡；洋葱去皮，洗淨，切成小瓣。

② 番茄、黃瓜分別洗淨，瀝水，均切成小塊；胡蘿蔔去皮，洗淨，切成花片；通心粉用清水浸泡回軟。

③ 鍋中加入植物油燒熱，先下入洋葱炒軟，再放入山藥、番茄、黃瓜、胡蘿蔔、通心粉、醬油、料酒翻炒均勻。

④ 然後添入適量清水，加入鹽煮至熟軟，即可出鍋裝碗。

白菜豆腐湯

白菜 200 克，豆腐 150 克，葱花、薑片各 3 克，鹽 1 茶匙，胡椒粉、麻油各少許，清湯 500 克，植物油 5 茶匙。

① 白菜擇洗乾淨，切成條；豆腐洗淨，瀝去水分，切成小方塊。

② 鍋中加油燒熱，下入葱花、薑片炒香，放入白菜條炒軟，添入清湯燒沸。

③ 放入豆腐塊燉 8 分鐘，加入鹽燉 2 分鐘，調入胡椒粉、麻油煮至入味即可。

白蘿蔔湯

30 分鐘 

白蘿蔔 500 克，鹽、白糖各適量。

① 白蘿蔔削去外皮，用清水洗淨，瀝乾水分，切成小塊。

② 鍋置旺火上，加入適量清水，放入白蘿蔔煮沸。

③ 再加入鹽、白糖，轉小火煮至熟爛。

山藥赤豆湯

 5 小時 

山藥 200 克，赤小豆 100 克，白糖適量。

① 將赤小豆洗淨，放入清水中浸泡 4 小時，撈出瀝水。

② 山藥去皮，用清水洗淨，切成塊，浸泡在檸檬水中。

③ 湯煲置火上，放入山藥、赤小豆，加入適量清水，用旺火煮沸，再轉小火煲約 1 小時，然後加入白糖調勻，出鍋裝碗即可。

杞子南瓜湯

60 分鐘 

南瓜 500 克，銀杏 20 克，杞子 10 克，芹菜末少許，鹽 1/2 湯匙，淡奶 3 湯匙，清湯 1000 克。

① 將南瓜洗淨，去瓤及籽，切成小塊；杞子、銀杏分別洗淨。

② 坐鍋點火，加入清湯、淡奶燒沸，先下入南瓜塊、杞子、銀杏，用旺火煮開。

③ 再加入鹽，轉小火煮約 40 分鐘至入味，出鍋裝碗，撒上芹菜末即可。

烏豆腐竹湯

 60 分鐘 

烏豆、腐竹各 50 克，鹽、胡椒粉各少許，白糖 1 茶匙，黃豆醬，料酒各 1 湯匙。

① 烏豆洗淨，用清水浸泡；腐竹用清水浸泡片刻，洗淨，切成段。

② 砂鍋置火上，放入烏豆、腐竹段，加入適量清水、黃豆醬、料酒、白糖。

③ 先用大火煮沸，再轉小火煲約 1 小時，然後加入鹽、胡椒粉調味，出鍋裝碗即可。

香芋芡實薏米湯

75 分鐘 

芋頭 300 克，薏米 80 克，芡實 30 克，乾海帶絲少許，鹽適量。

① 將芋頭削去外皮，用清水洗淨，切成滾刀塊；薏米淘洗乾淨，放入清水中浸泡 2 小時。

② 芡實洗淨；海帶絲用清水浸泡至漲發，洗去雜質，撈出瀝乾。

③ 坐鍋點火，加入適量清水燒沸，先下入薏米煮至熟爛，再放入芡實、芋頭塊、海帶絲煮開。

④ 然後加入鹽調勻，轉小火燉煮 1 小時，即可出鍋裝碗。

翡翠松子羹

 25 分鐘 

西蘭花 500 克，松子仁 75 克，西芹 50 克，薑末 5 克，鹽、白糖各 1/2 湯匙，生粉水 3 湯匙，清湯 500 克，植物油適量。

① 將松子仁洗淨，瀝乾水分，放入四成熱油鍋中炸呈淺黃色，撈出瀝油。
② 西芹洗淨，放入沸水鍋中焯燙一下，撈出瀝水，切成碎粒。
③ 西蘭花洗淨，掰成小朵，放入沸水鍋中焯燙一下，撈出瀝水，再放入榨汁機中，加入適量清水攪打成綠色菜汁。

① 淨鍋置火上，加入植物油燒熱，先下入薑末煸炒出香味。
② 再加入清湯和榨好的菜汁，用小火煮沸，然後加入鹽、白糖調好口味。
③ 用生粉水勾薄芡，出鍋盛入湯盅內，撒入松子仁和西芹末即可。

黃豆芽豆腐湯

 20 分鐘 

豆腐 2 塊，黃豆芽 250 克，雪裡蕻 100 克，葱花 10 克，鹽 1/2 茶匙，植物油 1 湯匙。

① 黃豆芽洗淨，瀝去水分；豆腐洗淨，切成 1 厘米見方的丁；雪裡蕻洗淨，切成小粒。

② 鍋置火上，加入植物油燒熱，先下入葱花炒香，再放入黃豆芽煸炒，加入適量清水燒沸。

③ 煮至黃豆芽酥爛時，放入雪裡蕻、豆腐，轉小火燉 10 分鐘，加入鹽調勻，出鍋裝碗即可。

茯苓冬瓜消腫湯

35 分鐘 

冬瓜 600 克，粟米 2 條，芥蘭 150 克，茯苓、黃芪各 7 克，桂枝 5 克，薑 2 片，鹽 1 茶匙，料酒 1 湯匙。

① 鍋中加入適量清水燒開，放入茯苓、桂枝、黃芪、粟米煮 20 分鐘，濾出雜質，留湯汁。

② 將冬瓜去皮、去瓤，洗淨，切成塊；芥蘭洗淨，切成段。

③ 鍋置火上，倒入煮好的湯汁，先下入冬瓜、薑片煮 10 分鐘，再加入芥蘭、料酒、鹽煮沸，出鍋裝碗即可。

冬瓜粟米湯

 15 分鐘 

冬瓜 200 克，粟米片 60 克，鹽適量。

① 冬瓜去皮、去瓤，洗淨，切成小粒；粟米片用少許清水浸濕。

② 鍋置旺火上，先加入適量清水，放入冬瓜粒煮沸。

③ 再放入濕粟米片煮熟，加入鹽調好口味，出鍋裝碗即成。

清湯白菜

15 分鐘

白菜心750克，鹽、料酒各1茶匙，胡椒粉少許，上湯 850 克。

① 將白菜心洗淨，放入清水鍋中煮至八分熟，撈出洗淨，瀝去水分，整齊地擺入蒸碗中。

② 再加入胡椒粉、料酒、少許鹽和特級清湯 100 克，入籠蒸 4 分鐘，取出，放入大碗中。

③ 鍋中加入特級清湯、胡椒粉、料酒、鹽燒沸，倒入白菜碗中即成。

鮮冬菇豆腐絲瓜湯

35 分鐘 

絲瓜 600 克，新鮮冬菇 200 克，豆腐 1 塊，鮮薑 10 克，鹽少許。

① 將冬菇去蒂，放入淡鹽水中稍浸片刻，再用清水洗淨。

② 豆腐洗淨，瀝水，切成小塊；鮮薑去皮，洗淨，切成片；絲瓜去皮，洗淨，切成塊。

③ 瓦煲置火上，加入適量清水燒沸，放入薑片、豆腐塊、冬菇燒至冬菇熟爛。

④ 再放入絲瓜塊略煮片刻，然後加入鹽調味，出鍋裝碗即可。

雜燴蔬菜湯

20 分鐘 ★★

金針菇 100 克，山藥、胡蘿蔔各 50 克，人參果 1 個，紫菜 30 克，銀杏 10 粒，橘皮絲少許，鹽 1 茶匙，胡椒粉 1/2 茶匙，檸檬水 100 克，蘋果清湯 1500 克。

① 將山藥去皮，洗淨，切成小片，放入檸檬水中浸泡；人參果洗淨，切成小片。

② 胡蘿蔔去皮，洗淨，切成花片；金針菇用清水洗淨。

③ 將紫菜放入清水中泡至回軟，洗去雜質，撈出瀝乾，撕碎。

④ 鍋中加入蘋果清湯燒沸，先放入金針菇、山藥、胡蘿蔔、人參果、紫菜、銀杏煮開。

⑤ 再加入鹽、胡椒粉煮至入味，出鍋裝碗，撒上橘皮絲即可。

草菇木耳湯

20 分鐘 

鮮草菇 100 克，水發黑木耳、冬筍各 50 克，菜薹 30 克，鹽 1/2 湯匙，白糖 1 茶匙，胡椒粉少許，清湯 1000 克。

① 黑木耳去蒂，洗淨，撕成小塊，放入沸水鍋中焯燙一下，撈出瀝水。

② 冬筍洗淨，切成菱形片；菜薹擇洗乾淨，切成小段。

③ 鮮草菇放入清水盆內，加入少許拌勻並浸泡，洗淨，瀝淨水分，切成大片，再放入沸水鍋中焯燙一下，撈出瀝乾。

① 鍋中加入少許清湯燒沸，放入木耳塊、冬筍片、菜薹煮 1 分鐘，撈出瀝水，放入碗中。

② 原鍋放入草菇片煮約 3 分鐘至入味，撈出，放在木耳碗中。

③ 鍋中倒入剩餘的清湯燒沸，加入鹽、白糖、胡椒粉調味，倒入盛有草菇的湯碗中即可。

百合雞蛋湯

80 分鐘

百合 100 克，柿餅 80 克，雞蛋 2 隻，鹽適量。

① 柿餅洗淨，切成小塊；百合擇洗乾淨；雞蛋放入鍋中煮熟，剝去外殼。

② 鍋中加入適量清水燒沸，加入雞蛋、百合、柿餅燒沸，改用小火煲 1 小時，加入鹽調味，出鍋裝碗即可。

營養菠菜汁

10 分鐘

菠菜 200 克，大棗 30 克，鹽 1 茶匙，生粉水適量，清湯 1 大碗。

① 將菠菜擇洗乾淨，切成末；大棗用熱水泡開，洗淨，去掉棗核。

② 鍋置火上，加入適量清水，再放入菠菜末，加入調料燒沸。

③ 然後放入大棗稍煮，用生粉水勾薄芡，出鍋裝碗即成。

香菇時蔬燉豆腐

30 分鐘

豆腐 1 塊，水發香菇 50 克，胡蘿蔔少許，葱末、薑末各 5 克，鹽 1/2 茶匙，醬油 1 湯匙，花椒粉、麻油、植物油各適量。

① 將香菇去蒂，洗淨，切成小塊；豆腐洗淨，切成小塊；胡蘿蔔去皮，洗淨，切成象眼片。

② 鍋置火上，加入清水燒沸，分別放入胡蘿蔔片、豆腐塊、香菇塊焯透，撈出瀝乾。

③ 鍋中加入植物油燒熱，先下入葱末、薑末、花椒粉熗鍋，再添入清湯，放入豆腐、香菇、胡蘿蔔。

④ 然後加入醬油、鹽燒沸，轉小火燉至豆腐入味，淋入麻油，即可出鍋裝碗。

銀杏豆香馬蹄

20 分鐘

銀杏、荸薺、豆板、腰豆各 50 克，鹽 1 茶匙，白糖適量，清湯 1 大碗。

① 將銀杏、荸薺、豆板、腰豆分別洗淨，均放入沸水鍋中焯水，撈出瀝水。

② 鍋置火上，加入清湯，再放入銀杏、荸薺、豆板、腰豆。

③ 然後加入鹽、白糖煮 10 分鐘，出鍋裝碗即成。

大白菜素湯

10 分鐘

大白菜 500 克，大葱 2 根，鹽適量。

① 將大白菜洗淨，切成粗絲；大葱去鬚，洗淨，切成段。

② 鍋置火上，加入適量清水煮沸，再放入大白菜、葱段煮熟。

③ 然後加入鹽調好口味，出鍋裝碗，即可上桌食用。

番茄粟米湯

15 分鐘

粟米粒 200 克，番茄 2 個，芫荽末少許，鹽、胡椒粉各少許，奶油清湯適量。

① 將番茄洗淨，用熱水燙一下，去外皮、去籽，切成丁。

② 鍋置火上，加入奶油清湯煮沸，放入粟米粒、番茄略煮。

③ 再加入鹽、胡椒粉煮 5 分鐘，然後撒入芫荽末，出鍋裝碗即可。

腐竹瓜片湯

15 分鐘

腐竹、黃瓜各 100 克，葱花、薑片各少許，鹽 1 茶匙，植物油 2 湯匙，清湯 500 克。

① 將腐竹用溫水泡開，取出瀝水，切成段；黃瓜洗淨，切成片。

② 鍋中加入植物油燒熱，先下入葱花、薑片爆香，再添入清湯，放入腐竹段、黃瓜片燒開。

③ 然後撇去浮沫，加入鹽續煮 2 分鐘，出鍋裝碗即可。

小白菜粉絲湯

10 分鐘

小白菜 1 棵，粉絲 50 克，薑末 10 克，葱花 5 克，鹽 1 茶匙，醬油 1/2 茶匙，麻油 1 茶匙，植物油 1 湯匙。

① 將小白菜擇洗乾淨，切成小段；粉絲用溫水泡軟，瀝去水分。

② 鍋置火上，加入植物油燒熱，先下入葱花炒出香味，再放入小白菜段、薑末、醬油翻炒均勻入味。

③ 然後加入適量清水，放入粉絲煮至熟軟，最後加入鹽調味，淋入麻油，出鍋裝碗即可。

花芸豆山藥羹

50 分鐘

山藥300克，花芸豆30克，青豆、胡蘿蔔花各少許，蔥花5克，白糖適量，果汁1湯匙。

① 將花芸豆洗淨，用清水浸透，放入鍋中，加入適量清水、果汁、白糖煮熟，撈出瀝水。

② 將山藥去皮，洗淨，切成片，放入果汁機中絞打成茸。

③ 湯鍋中加入少許清水，倒入山藥茸攪勻，再加入青豆煮沸。

④ 然後放入花芸豆、胡蘿蔔花續煮5分鐘後離火，撒入蔥花，出鍋裝碗即可。

杞子百合蓮花湯

40 分鐘

百合100克，蓮子、黃花菜各50克，杞子10克，冰糖適量，清湯1大碗。

① 將百合洗淨；黃花菜、杞子用溫水泡開，洗淨，瀝去水分。

② 將蓮子洗淨，捅去蓮心，放入清水鍋中煮熟，撈出瀝水。

③ 鍋置火上，加入清湯，放入百合、黃花菜、蓮子、杞子燒沸，再加入冰糖煮至溶化，出鍋裝碗即成。

滋補野山菌湯

35 分鐘

草菇、白玉菇、滑子蘑、蘑菇、冬菇各 50 克，杞子、人參各 5 克，葱花、薑片各 3 克，鹽 1/2 茶匙，胡椒粉少許，清湯 500 克，植物油 1 湯匙。

① 杞子洗淨；人參洗淨，斜切成小片，同杞子一起放入沸水鍋中焯燙一下，撈出瀝水。

② 草菇、白玉菇、滑子蘑、蘑菇、冬菇分別去蒂，洗淨，均切成小塊。

③ 鍋置火上，加入清水燒沸，放入各種食用菌焯燙一下，撈出食用菌，放入冷水中快速過涼，瀝乾水分。

① 坐鍋點火，加入植物油燒至六成熱，先下入葱花、薑片炒香。

② 再放入草菇、白玉菇、滑子蘑、蘑菇、冬菇煸炒出香味，添入湯，放入人參片燒沸。

③ 然後加入鹽燒沸，轉小火煲約 15 分鐘，加入胡椒粉調勻，撒上杞子，即可出鍋裝碗。

雪菜冬瓜湯

15 分鐘

冬瓜 150 克，雪裡蕻 60 克，鹽 1 茶匙，植物油少許，清湯 500 克。

① 將冬瓜去皮及瓤，洗淨，切成小塊；雪裡蕻洗淨，切成小段。

② 鍋置火上，加入適量清水燒沸，放入冬瓜塊煮約 5 分鐘，撈出過涼，瀝去水分。

③ 淨鍋置火上，加入植物油燒熱，添入清湯，放入冬瓜塊、雪菜末燒沸，撇去浮沫。

④ 再加入鹽，蓋上蓋，燒約 2 分鐘，即可出鍋裝碗。

芹菜葉薯條湯

20 分鐘

馬鈴薯 2 個，嫩芹菜葉 150 克，葱花、薑末各 10 克，鹽 1 茶匙，麻油 1/2 茶匙，清湯適量，植物油 1 湯匙。

① 將芹菜葉擇洗乾淨；馬鈴薯去皮，放入清水中洗淨，瀝乾水分，切成小條。

② 鍋中加入植物油燒至七成熱，先下入葱花、薑末炒香，再放入薯條、芹菜葉略炒一下。

③ 然後添入清湯，燒至薯條熟軟時，加入鹽調味，淋入麻油，即可出鍋裝碗。

青瓜腐竹素湯

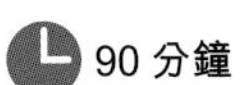 90 分鐘 

青瓜 1 根，紅蘿蔔 200 克，白果、鮮腐竹各 100 克，鹽 1 湯匙，胡椒粉 2 湯匙。

① 白果去殼、去衣、去心，清洗乾淨；鮮腐竹洗淨，切成段；青瓜去皮，洗淨，切成條段。

② 鍋置火上，加入適量清水，放入白果、腐竹段、青瓜條燒沸。

③ 轉小火煲約 1.5 小時，再加入鹽、胡椒粉調味，出鍋裝碗即成。

豆腐皮雞蛋湯

20 分鐘 

雞蛋 2 隻，油炸豆腐皮 1 張，木耳 2 朵，黃花菜 35 克，葱絲、薑末各 10 克，鹽 2 茶匙，醬油、麻油各 1 茶匙，生粉水 1 湯匙，清湯 500 克。

① 雞蛋打入碗內，用筷子攪勻。木耳、黃花菜用溫水泡好，擇洗乾淨。

② 鍋置火上，加入清湯，放入油炸豆腐皮、木耳、黃花菜、薑末、醬油、鹽燒沸。

③ 用生粉水勾芡，慢慢淋入雞蛋液燒沸，起鍋盛入湯碗中，淋入麻油，撒上葱絲即可。

蘑菇湯

20 分鐘 

白蘿蔔、黃豆芽各 500 克，鮮蘑菇 300 克，胡蘿蔔 50 克，葱段、薑片各 5 克，鹽、胡椒粉、生粉、料酒、植物油各適量。

① 蘑菇放入淡鹽水中浸泡，洗淨，瀝去水分，剞上十字花紋。

② 鍋置火上，加入清水燒沸，放入蘑菇焯燙一下，撈出瀝水。

③ 黃豆芽洗淨，瀝水，再放入熱鍋內乾炒片刻，盛出。

④ 白蘿蔔、胡蘿蔔分別去皮，洗淨，均切成 5 厘米長的細絲。

① 鍋置火上，加入植物油燒熱，先下入葱段、薑片熗鍋，添入清水煮沸，撈出葱、薑備用。

② 再放入蘑菇用旺火煮 5 分鐘，放入黃豆芽，轉小火煮熟，撈出蘑菇和豆芽，放入碗中。

③ 蘿蔔絲裹勻生粉，放入湯鍋內煮至浮起，燒沸後撈入碗中。

④ 鍋中原湯加入鹽、料酒燒沸，倒入盛有蘑菇的湯碗中，撒上胡椒粉即成。

粟米豆腐湯

 20 分鐘 

豆腐 1 塊，粟米罐頭 1 罐，雞蛋 3 隻，大葱 1 棵，鹽 1/2 茶匙，生粉水 2 茶匙。

① 將豆腐洗淨，切成小塊；大葱擇洗乾淨，切成末；雞蛋打入碗中，加入部分葱末調拌均勻；粟米罐頭打開，取出粟米粒。

② 鍋置火上，加入適量清水燒沸，再放入粟米粒煮勻，然後放入豆腐塊，加入鹽煮沸。

③ 用生粉水勾芡，淋入雞蛋液煮勻，撒上剩餘葱末，即可出鍋裝碗。

百合薏米羹

 60 分鐘 

薏米、百合各 10 克，白糖、糖桂花各 2 茶匙。

① 將百合洗淨，剝去鱗片，撕去薄衣，用清水浸泡；薏米淘洗乾淨。

② 鍋置中火上，放入適量清水和薏米燒沸，再加入百合。

③ 改用中小火煮至軟糯，然後加入白糖續煮至薏米糯滑，百合起酥。

④ 最後撒入糖桂花攪勻，出鍋裝碗即成。

百合煮香芋

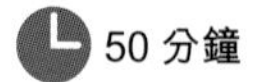

芋頭 200 克，鮮百合 100 克，鹽 1 茶匙，白糖 1/2 茶匙，椰漿、淡奶各 2 湯匙，清湯 750 克，植物油 600 克（約耗 30 克）。

① 將芋頭去皮，洗淨，切成小塊，再放入熱油鍋中炸熟，撈出瀝油。

② 鍋中留少許底油燒熱，先下入百合略炒，再添入清湯，放入芋頭煮約 10 分鐘。

③ 然後加入鹽、白糖、椰漿、淡奶續煮 3 分鐘，即可出鍋裝碗。

酸辣豆皮湯

15 分鐘 ★★

豆腐皮 4 張，菠菜段、水發木耳各 50 克，葱段、薑片、醬油、白醋、胡椒粉、生粉水、麻油、清湯各適量，植物油 2 湯匙。

① 豆腐皮泡軟，洗淨，放入沸水鍋中焯燙一下，撈出瀝乾，切成細絲；水發木耳洗淨，切成絲。

② 鍋中加油燒熱，下入葱段、薑片炒香，烹入白醋、清湯，放入豆腐皮絲、木耳絲、菠菜段。

③ 加入醬油燒沸，撇去浮沫，用生粉水勾薄芡，撒上胡椒粉，淋入麻油，即可出鍋裝碗。

豆腐白菜湯

25 分鐘

豆腐 250 克，白菜葉 200 克，紫菜 25 克，鹽 2 茶匙，料酒 1 湯匙，植物油 1/2 湯匙，清湯 750 克。

① 將豆腐切成 3 厘米長，1 厘米寬的薄片，用沸水焯燙一下，撈出瀝乾；白菜洗淨，切成 3 厘米長的條；紫菜撕碎。

② 鍋置火上，加入植物油燒熱，添入清湯，再放入白菜葉、豆腐燒至菜熟，然後加入鹽、料酒調勻，撒入紫菜，即可出鍋裝碗。

清湯浸菠菜

20 分鐘

菠菜 300 克，胡蘿蔔 25 克，草菇 20 克，枸杞 15 克，松花蛋 1/2 隻，薑片 10 克，鹽 1 茶匙，麻油各 1/2 茶匙，清湯 3 湯匙，植物油 2 湯匙。

① 菠菜擇洗乾淨，放入沸水鍋中焯透，撈出裝碗；松花蛋切小塊；枸杞洗淨。

② 胡蘿蔔、草菇分別洗淨，均切成片，一起放入沸水鍋中略焯，撈出瀝水。

③ 鍋置火上，加入植物油燒熱，先下入薑片炒香，再放入松花蛋煎呈金黃色，添入清湯。

④ 然後放入枸杞、胡蘿蔔片、草菇片，加入鹽燒沸，淋入麻油，起鍋澆在菠菜碗中即可。

木耳黃花湯

20 分鐘

乾黃花菜 100 克，黑木耳、芫荽各 15 克，葱末、薑末、蒜末各少許，鹽 1 茶匙，清湯、植物油各適量。

① 乾黃花菜用清水泡發，去掉根蒂，洗淨，瀝去水分，放入沸水鍋中焯燙一下，撈出瀝水。

② 芫荽擇洗乾淨，瀝淨水分，切成碎末；黑木耳用清水泡漲，去蒂，洗淨，切成細絲。

③ 鍋中加入清水燒沸，放入木耳絲焯煮一下，撈出瀝水。

① 鍋中加入植物油燒至六成熱，先下入葱末、薑末、蒜末炒香，添入清湯燒沸。

② 再放入木耳絲、黃花菜略煮，撇去表面浮沫，加入鹽調好口味。

③ 然後煮 2 分鐘，出鍋倒入大湯碗中，撒上芫荽末即可。

冬菇莧菜湯

 2 小時 

莧菜 500 克，冬菇 50 克，葱段、薑片、鹽、胡椒粉、白糖、植物油各適量，清湯 500 克。

① 冬菇放入溫水中泡發，去蒂，洗淨，擠乾水分，泡冬菇的水過濾後留用。

② 莧菜取嫩尖洗淨，放入沸水鍋中焯燙一下，撈出過涼，瀝乾。

③ 鍋至火上，加入植物油燒熱，下入葱段、薑片炒香出味，放入冬菇翻炒一下。

④ 加入白糖、鹽翻炒均勻，再加入少許泡冬菇的水及清湯。

⑤ 加蓋續煮約 1 小時，取出後揀去葱段、薑片，撇去浮油，撒上莧菜、胡椒粉即可。

荸薺芹菜降壓湯

70 分鐘 

芹菜 3 棵，番茄 2 個，紫菜 20 克，荸薺 5 個，洋葱 1/2 個，鹽 1/2 茶匙。

① 芹菜擇洗乾淨，瀝乾水分，切成 5 厘米長的段；荸薺削去外皮，洗淨。

② 紫菜用溫水浸泡，洗淨，撕成小塊；番茄洗淨，切成片；洋葱去皮，洗淨，切細絲。

③ 炒鍋內注入適量清水，放入全部原料，用旺火燒開，再加入鹽，用小火煮 1 小時，出鍋裝碗即成。

山藥潤肺湯

 40 分鐘 

山藥 200 克，水發蓮子 150 克，水發銀耳、桂圓肉各 15 克，百合 10 克，紅棗 8 枚，冰糖 80 克。

① 將山藥去皮，洗淨，切成滾刀塊；水發蓮子洗淨，去除蓮心。

② 百合去蒂，洗淨，掰成小瓣；水發銀耳去蒂，洗淨，撕成小朵；桂圓肉洗淨；紅棗去核，洗淨。

③ 鍋置火上，加入適量清水，放入山藥塊、蓮子、百合、銀耳、桂圓肉、紅棗燒沸，轉小火煮 30 分鐘，再放入冰糖煮至溶化，出鍋裝碗即可。

薑味菠菜湯

 3 小時 

菠菜根 90 克，銀耳 50 克，生薑 30 克，陳皮 1 片，鹽適量，料酒少許。

① 銀耳放入清水盆中浸泡 2 小時，沖洗乾淨，瀝水。

② 菠菜根洗淨；生薑洗淨，切薄片；陳皮用清水浸軟，去內瓤。

③ 鍋中加水燒沸，下入銀耳煮半小時，加入菠菜根、薑片、陳皮煮 20 分鐘，調入料酒、鹽即可。

豆腐松茸湯

20 分鐘 

豆腐1塊，鮮松茸3朵，鹽1湯匙，醬油各2茶匙，清湯適量。

① 鮮松茸切成片，放入淡鹽水中輕輕洗淨，再放入沸水鍋中煮約30秒鐘，撈出過涼。

② 豆腐用刀從中部橫切一刀，再切成小方丁，放入沸水鍋中煮約1分鐘，撈出晾涼。

③ 砂鍋置火上，加入清湯、鹽、醬油煮沸。

④ 再放入煮好的松茸和豆腐塊稍煮，離火上桌即成。

竹筍香菇湯

20 分鐘 

乾香菇25克，金針菇1袋，竹筍、薑塊各15克，鹽1茶匙，清湯300克。

① 乾香菇用清水泡軟，去蒂，洗淨，切成粗絲；金針菇取出，洗淨，打成結。

② 竹筍剝去外皮，洗淨，切成粗絲；薑塊去皮，洗淨，切成絲。

③ 湯鍋置火上，加入清湯，放入竹筍絲、薑絲燒沸，煮約15分鐘。

④ 再放入香菇絲，金針菇結燒沸，煮約5分鐘，然後加入鹽調味，出鍋裝碗即可。

香菇木耳豆腐湯

25 分鐘

嫩豆腐 250 克，水發香菇 50 克，胡蘿蔔 30 克，葱段、薑片各 10 克，黑木耳 5 克，鹽、花椒油各 1 茶匙，生粉水、植物油各 1 湯匙，清湯 750 克。

① 嫩豆腐切成 1 厘米大小的塊，放在漏勺內，把漏勺浸入沸水鍋中稍燙一下，撈出瀝水。

② 黑木耳用溫水泡發，洗淨，撕成小朵；胡蘿蔔洗淨，切成小丁。

③ 水發香菇去蒂，洗淨，瀝水，切成丁，同胡蘿蔔丁一起放入沸水鍋中焯燙一下，撈出瀝乾。

① 鍋中加入植物油燒至四成熱，先下入葱段、薑片炒香，添入清湯，放入嫩豆腐塊稍煮。

② 再放入黑木耳、胡蘿蔔、香菇煮沸，撇去表面浮沫。

③ 然後加入鹽，用生粉水勾芡，淋入花椒油，出鍋裝碗即可。

髮菜豆腐湯

15 分鐘 ★★

豆腐 400 克，水發髮菜 100 克，番茄 50 克，筍片、鮮蘑菇片各 25 克，鹽、料酒各 1/2 茶匙，生粉水 2 茶匙，植物油 2 湯匙。

① 將豆腐洗淨，切成三角片，放入沸水鍋中焯燙一下，撈出；番茄去蒂，洗淨，切成小片。

② 鍋置火上，加入植物油燒至八成熱，先下入筍片、蘑菇片炒熟，再放入髮菜，烹入料酒。

③ 然後加入適量清水，放入豆腐片、番茄片煮 5 分鐘，加入鹽，勾薄芡，出鍋裝碗即成。

豆角菜花湯

20 分鐘

菜花 200 克，豆角 100 克，胡蘿蔔 80 克，鹽、胡椒粉各適量，清湯 1500 克，植物油 2 湯匙。

① 胡蘿蔔去皮，洗淨，切片；菜花洗淨，切小朵；豆角去老筋，洗淨，斜切細絲。

② 淨鍋置火上，加入植物油燒熱，下入胡蘿蔔片、豆角絲、菜花煸炒至斷生。

③ 再倒入清湯，加入鹽、胡椒粉煮至入味即可。

黃瓜木耳湯

10 分鐘

水發木耳 100 克，黃瓜 1 根，鹽、麻油各 1/2 茶匙，醬油、植物油各少許。

① 將黃瓜去蒂、去皮，洗淨，剖開後挖出瓜瓤，切成厚塊；水發木耳洗淨，撕成小朵。

② 鍋置火上，加入植物油燒熱，先放入木耳爆炒一下，再加入適量清水和醬油燒沸。

③ 然後放入黃瓜塊略煮，最後加入鹽、麻油調好口味，即可出鍋裝碗。

南瓜粟米湯

35 分鐘

南瓜 1/2 個，粟米 1 條，鹽 1 茶匙，白糖 4 茶匙，植物油 1/2 茶匙，牛奶適量。

① 南瓜去皮、去瓤，洗淨，切成薄片；粟米洗淨，剝下粟米粒。

② 鍋置火上，加入適量清水，放入粟米粒、南瓜片燒沸，再加入鹽、白糖、植物油，轉小火煮 25~30 分鐘。

③ 煮至南瓜片和粟米粒熟嫩時關火，加入熱牛奶調勻，出鍋裝碗即成。

草菇蔬菜湯

 60 分鐘 

草菇 200 克，椰菜葉 2 片，芹菜 1 根，番茄 1 個，板栗 50 克，洋葱丁少許，鹽、醬油各 1 茶匙，白糖 1/2 茶匙，胡椒粉、生粉、植物油各適量，蘑菇清湯 240 克。

① 草菇洗淨，切成塊；椰菜葉洗淨，放入沸水鍋中焯燙；番茄、芹菜、板栗分別切丁。

② 各種原料丁放在一起，加入鹽、白糖、生粉拌勻，放入椰菜葉內紮好，入蒸鍋蒸 5 分鐘，取出晾涼。

③ 炒鍋中加入植物油燒熱，加入蘑菇清湯、調料燒沸，再放入蔬菜包略煮即可。

葱白大蒜湯

3 小時 

大葱 200 克，大蒜 150 克，冰糖適量。

① 大葱取葱白部分，用清水洗淨，改刀切成小段。

② 大蒜剝去外皮，切去兩端，洗淨瀝乾，再用刀面拍破。

③ 淨鍋置火上，加入適量清水，下入葱段、蒜瓣，用旺火煮沸。

④ 撇去表面浮沫，轉小火煮約 15 分鐘，加入冰糖煮至完全溶化，即可出鍋飲用。

什錦三絲湯

15 分鐘 ★★

鴨蛋清2隻，雞蛋1隻，番茄1個，水發木耳2朵，鹽、麻油各1湯匙，植物油3湯匙，清湯適量。

① 將番茄洗淨，用開水燙一下，去皮和籽，切成絲；水發木耳擇洗乾淨，切成絲。

② 雞蛋磕入碗內打散，再倒入熱油鍋中攤成蛋皮，取出，切成絲。

③ 鍋置火上，放入清湯燒開，下入蛋皮絲、木耳絲、番茄絲燙一下，撈出，淋入鴨蛋清。

④ 再加入鹽、麻油煮至蛋清片浮起，倒入湯碗內，然後依次擺上蛋皮絲、木耳絲、番茄絲即可。

番茄豆腐蛋湯

20 分鐘 ★★

番茄200克，老豆腐100克，雞蛋2隻，葱花少許，鹽、胡椒粉、清湯、植物油各適量。

① 番茄去蒂，洗淨，切成塊；雞蛋磕入碗內，加入鹽攪拌均勻。

② 老豆腐洗淨，切成片，下入沸水鍋中，加鹽略焯，撈出瀝乾。

③ 炒鍋置火上，加入植物油燒至五成熱，先下入番茄塊炒香，然後注入清湯。

④ 再下入豆腐片，加入鹽、胡椒粉燒沸，撇去浮沫。

⑤ 然後倒入雞蛋液，煮至蛋花浮起，出鍋裝入湯碗中，撒上葱花即成。

山藥豆腐湯

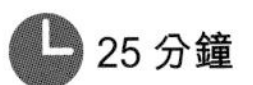 25 分鐘 

豆腐 400 克，山藥 200 克，葱花 10 克，蒜茸 5 克，鹽、麻油各 1/2 茶匙，醬油 4 茶匙，植物油 5 茶匙。

① 將山藥去皮，洗淨，切成小片；豆腐洗淨，切成片，放入沸水鍋中焯燙一下，撈出瀝水。

② 鍋置火上，加入植物油燒至五成熱，先下入蒜茸爆香，再放入山藥片翻炒均勻。

③ 然後加入適量清水燒沸，放入豆腐片，加入調料煮至入味，撒入葱花，淋上麻油，裝碗即成。

山珍什菌湯

 40 分鐘 

猴頭菇、竹蓀、榛蘑、黃蘑、香菇、蘑菇、牛肝菌各適量，薑片、鹽、胡椒粉、料酒、清湯、植物油各少許。

① 將所有菌類原料用清水泡發好，洗滌整理乾淨，再放入沸水鍋中焯透，撈出瀝乾。

② 砂鍋中加入植物油燒熱，先下入薑片炒香，再烹入料酒，添入清湯，放入所有菌類原料燒沸。

③ 然後加入鹽、胡椒粉調勻，撇去浮沫，續煮約 30 分鐘至入味，即可出鍋裝碗。

濃湯猴頭菇

40 分鐘

猴頭菇 200 克，紅棗 4 個，鹽 1 茶匙，蘑菇濃湯適量。

① 將猴頭菇用清水泡發，洗淨，切成大塊；紅棗去核，用清水洗淨。

② 砂鍋置火上，先加入蘑菇濃湯，再放入猴頭菇塊、紅棗燒沸。

③ 然後轉小火燉約 30 分鐘，最後加入鹽調好口味，出鍋裝碗即可。

嫩粟米湯

15 分鐘

嫩粟米 600 克，豆苗 100 克，鹽、白糖各 2 茶匙，清湯適量。

① 將嫩粟米剝去外皮，擇淨粟米鬚，用清水洗淨，搓下嫩粟米粒。

② 鍋置火上，加入清水燒沸，放入粟米粒煮約 2 分鐘，撈出瀝水。

③ 放入碗中，加入清湯，上籠蒸 6 分鐘左右，取出；豆苗洗淨，用開水燙一下，撈出瀝水。

④ 淨鍋置火上，加入清湯、鹽、白糖燒沸，再放入嫩粟米粒和豌豆苗快速汆燙一下，盛入湯碗中，上桌即可。

菠菜銀耳羹

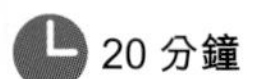

 20 分鐘

菠菜、水發銀耳各 150 克，杞子 15 克，雞蛋清 1 隻，薑片 5 克，鹽 1/2 茶匙，生粉水 2 湯匙，植物油 1 茶匙，清湯 750 克。

① 銀耳放入溫水中泡發，洗淨，撕成小朵。

② 杞子用清水洗淨，放入溫水中浸泡片刻，撈出瀝水。

③ 鍋中加入清水燒沸，放入銀耳和杞子焯燙一下，撈出瀝水。

④ 取嫩菠菜葉洗淨，切成細絲，加入少許鹽拌勻並醃漬出水分，洗淨。

① 燒熱鍋加入植物油，先下入薑片熗鍋，撈出薑片不用。

② 再倒入清湯燒沸，然後放入銀耳，轉小火煲至熟爛。

③ 加入鹽、杞子煮勻，再淋入打散的蛋清。

④ 用生粉水勾芡，放入菠菜絲攪勻，淋入少許明油，出鍋盛入湯碗中即成。

石耳豆腐湯

10 分鐘 ★★

豆腐 1 塊，水發石耳 2 朵，筍片、蘑菇片各 20 克，鹽 2 茶匙，白糖、胡椒粉各 1 茶匙，清湯 500 克。

① 豆腐洗淨，切成 5 厘米見方的塊；石耳擇洗乾淨；蘑菇去蒂，洗淨，切成片。

② 鍋置火上，加入適量清水燒沸，放入石耳、筍片、蘑菇片、豆腐塊焯燙一下，撈出瀝水，放入湯碗中。

③ 淨鍋置火上，加入清湯、鹽、胡椒粉、白糖燒沸，倒入湯碗中即成。

雙冬豆皮湯

15 分鐘 ★★

豆腐皮 3 張，冬菇 2 朵，冬筍片 50 克，葱花、薑末各 10 克，鹽、麻油各 1/2 茶匙，醬油 2 茶匙，植物油 2 湯匙，清湯 500 克。

① 豆腐皮上籠蒸軟，取出，切成菱形片；冬菇用溫水泡發，除去雜質，洗淨，切成絲。

② 鍋中加入植物油燒熱，下入葱花、薑末炒香，添入清湯，放入冬菇絲、冬筍片、豆腐皮燒沸。

③ 撇去浮沫，再加入鹽、醬油調好口味，淋入麻油，出鍋裝碗即成。

絲瓜粉絲湯

10 分鐘

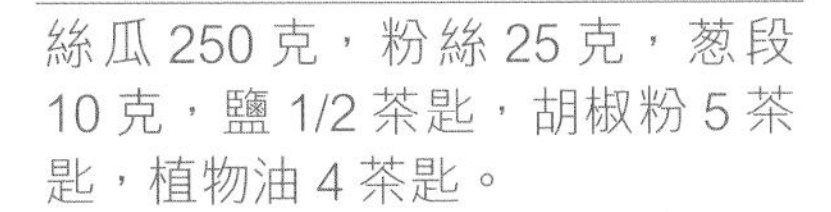

絲瓜 250 克，粉絲 25 克，葱段 10 克，鹽 1/2 茶匙，胡椒粉 5 茶匙，植物油 4 茶匙。

① 將絲瓜切去蒂和把，輕輕刮去少許外皮，洗淨，切成滾刀塊；粉絲用溫水泡軟。

② 鍋置火上，加入植物油燒熱，先下入葱段爆香，再放入絲瓜塊炒拌均勻。

③ 然後加入適量清水燒沸片刻，最後放入粉絲稍煮，加入鹽、胡椒粉調好口味，出鍋裝碗即成。

大棗銀耳羹

20 分鐘

水發銀耳 150 克，大棗 100 克，冰糖 50 克，糯米粉 1 湯匙。

① 大棗洗淨，去核，切成粗絲；水發銀耳擇洗乾淨，撕成小朵；糯米粉加水調成稀糊。

② 鍋置火上，加入適量清水燒沸，放入大棗絲、銀耳焯燙一下，撈出瀝乾。

③ 坐鍋點火，加入適量清水燒沸，放入銀耳、大棗絲、冰糖，轉小火熬煮約 5 分鐘，再倒入糯米糊勾薄芡，即可裝碗上桌。

冬筍萵苣湯

冬筍罐頭 1 瓶（約 200 克），生菜 50 克，紅椒絲少許，薑絲 10 克，鹽 1 茶匙，花椒水 2 湯匙，清湯 1500 克，麻油少許。

① 冬筍取出，用清水沖洗乾淨，切成小條；生菜擇洗乾淨，撕成小塊。

② 坐鍋點火，加入清湯燒沸，下入冬筍條、薑絲、花椒水煮至冬筍條熟透。

③ 放入生菜、紅椒絲略煮 3 分鐘，再加入鹽調味，淋入麻油，即可出鍋裝碗。

冬菜雞蛋湯

雞蛋 2 隻，冬菜 50 克，鹽 2 茶匙，麻油適量。

① 冬菜擇洗乾淨，瀝去水分；雞蛋磕入碗中，用筷子攪打均勻成雞蛋液。

② 淨鍋置火上，加入適量清水燒沸，放入冬菜稍煮，再慢慢淋入雞蛋液。

③ 然後加入鹽調好口味，起鍋盛入大湯碗中，淋上麻油即可。

番薯荷蘭豆湯

番薯乾、荷蘭豆各 150 克，葡萄乾 20 克，鹽、胡椒粉各少許，清湯 1200 克。

① 番薯乾放入清水中浸泡 12 小時，使其質地回軟，撈出瀝乾，切成小條。

② 將荷蘭豆擇洗乾淨，切去兩端；葡萄乾用清水洗淨。

③ 鍋中加入清湯燒沸，先下入番薯乾、葡萄乾煮約 10 分鐘。

④ 再加入荷蘭豆、鹽煮至熟透，然後放入胡椒粉調味，即可出鍋裝碗。

白菜番薯豆皮湯

30 分鐘 

白菜莖 200 克，番薯乾 150 克，番茄 1 個，尖椒 2 個，豆皮 30 克，葱花、鹽各少許，醬油 1/2 茶匙，清湯適量，植物油 2 湯匙。

① 番薯乾洗淨，切成小方塊；白菜莖洗淨，切成塊；番茄去蒂，洗淨，切成小塊。

② 尖椒洗淨，斜切成椒圈；豆皮放入清水中浸軟，撈出瀝水，切成塊。

③ 鍋置火上，加入植物油燒熱，先下入葱花、白菜塊、豆皮塊、醬油炒勻。

④ 再倒入清湯燒沸，然後放入番薯乾、番茄、尖椒、鹽煮 20 分鐘，裝碗即可。

冬菜豆芽湯

20 分鐘

綠豆芽 200 克，冬菜 100 克，芫荽末少許，葱花、薑片各 5 克，鹽 1/2 茶匙，胡椒粉、麻油各少許，清湯 500 克，植物油 2 湯匙。

① 冬菜浸泡，洗淨，瀝水，切成小段；綠豆芽擇洗乾淨，瀝水。

② 鍋中加油燒熱，先下入葱花、薑片炒香，再放入冬菜段、綠豆芽，添入清湯煮約 10 分鐘。

③ 然後加入鹽、胡椒粉調味，淋入麻油，撒上芫荽末，即可出鍋裝碗。

蘑菇燉豆腐

25 分鐘

豆腐 1 塊，水發香菇 50 克，胡蘿蔔 10 克，葱末、薑末、花椒面、鹽、醬油、麻油、植物油各適量。

① 水發香菇擇洗乾淨，切成小塊；豆腐洗淨，切成小塊；胡蘿蔔洗淨，切成菱形片，分別下入沸水鍋中焯燙 3 分鐘，撈出瀝水。

② 鍋中加油燒熱，下入葱末、薑末、花椒面炒香，再加入豆腐、香菇、胡蘿蔔片炒勻。

③ 然後加入醬油、鹽及適量清水燒開，轉小火燉至入味，淋入麻油，裝碗即可。

豆腐皮湯

 20 分鐘 

豆腐皮100克，冬菇、冬筍各50克，葱末、薑末、鹽、清湯、麻油、植物油各適量。

① 將豆腐皮上屜蒸軟，取出，切成菱形片；冬菇用溫水浸泡發好，洗淨，切成細絲；冬筍洗淨，切成片。

② 鍋置火上，倒入植物油燒熱，下入葱、薑末熗鍋，添入清湯略煮。

③ 加入鹽、冬菇絲、冬筍片、豆腐皮燒開，出鍋盛入湯碗內，淋上麻油即可。

冬瓜蘆筍鴿蛋湯

冬瓜 200 克，蘆筍 100 克，鴿蛋 10 隻，鹽、胡椒粉各適量，薑汁、白醋各少許，清湯 2000 克。

① 冬瓜去皮，去瓤，洗淨，切成菱形條；蘆筍洗淨，切成斜刀片。

② 鴿蛋洗淨，放入清水鍋中煮熟，撈出過涼，剝去外皮。

③ 鍋中加入清湯煮沸，下入冬瓜、蘆筍、鴿蛋、鹽、胡椒粉、薑汁、白醋煮熟即成。

冬瓜筍絲湯

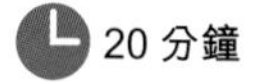

冬瓜300克，筍乾100克，薑片10克，鹽1/2茶匙，清湯650克，植物油1湯匙。

① 冬瓜洗淨，瀝水，去皮及瓤，切成厚片；筍乾用溫水泡透，切成細絲，再放入沸水鍋中焯熟，撈出瀝水。

② 鍋中加油燒至四成熱，先下入薑片炒出香味，再放入冬瓜片、筍絲略炒一下。

③ 然後添入清湯燒開，再轉小火續煮10分鐘，用鹽調味，即可出鍋裝碗。

豆腐蛋黃湯

滷水豆腐1塊，蛋黃80克，香菇2朵，薑絲、香葱花各少許，鹽適量，胡椒粉1/3茶匙，清湯1200克，植物油2湯匙。

① 滷水豆腐切成小塊；香菇去蒂，洗淨，切成丁；蛋黃切成小粒。

② 鍋中加入適量植物油燒至七成熱，先下入薑絲、蛋黃炒散。

③ 再加入清湯，放入豆腐、香菇煮沸，然後放入葱花，加入鹽、胡椒粉調味即可。

豆腐清湯

20 分鐘 ★★

內酯豆腐 1 盒（約 300 克），毛豆仁 150 克，花芸豆 50 克，葱花適量，鹽 1 茶匙，清湯 1600 克，植物油 2 湯匙。

① 花芸豆洗淨，瀝水；豆腐沖洗乾淨，切成大塊；毛豆仁洗淨。

② 鍋中加入適量清水燒沸，下入花芸豆煮熟，取出瀝水。

③ 鍋中加油燒熱，下入葱花炒香，加入毛豆略炒，倒入清湯煮沸，放入花芸豆、豆腐煮沸，加入鹽煮至入味即成。

豆腐什錦煲

20 分鐘 ★★

豆腐 1 塊，生菜 150 克，芥蘭 6 棵，竹筍絲、火腿末、香菇末、水發木耳、金針菇、銀耳各少許，鹽少許，生粉、麵粉各 75 克，白糖、麻油各 1/2 茶匙，生粉水 1 湯匙，植物油適量，清湯 500 克。

① 豆腐壓成茸，加入香菇末、火腿末、鹽、白糖、生粉、麵粉拌勻。

② 擠成小橢圓形，放入熱油鍋中炸呈金黃色，撈出瀝油。

③ 鍋留底油燒熱，放入金針菇、木耳、銀耳、竹筍絲、豆腐，加入清湯、麻油煮沸。

④ 再放入焯燙過的芥蘭，用生粉水勾芡，出鍋裝碗即可。

菜譜索引